新型农民职业技能培训教材

新技术
新热点

农民工劳动维权指南

谢国庆 主编

中国农业科学技术出版社

图书在版编目（CIP）数据

农民工劳动维权指南／谢国庆主编 . —北京：中国农业科学技术出版社，2012. 2

ISBN 978 – 7 – 5116 – 0780 – 5

Ⅰ. ①农…Ⅱ. ①谢…Ⅲ. ①民工 – 劳动就业 – 劳动法 – 基本知识 – 中国 Ⅳ. ①D922. 5

中国版本图书馆 CIP 数据核字（2011）第 274422 号

责任编辑	杜新杰
责任校对	贾晓红　范　潇

出 版 者	中国农业科学技术出版社
	北京市中关村南大街 12 号　邮编：100081
电　　话	（010）82106638（编辑室）　（010）82109704（发行部）
	（010）82109709（读者服务部）
传　　真	（010）82106624
网　　址	http://www.castp.cn
经 销 者	各地新华书店
印 刷 者	中煤涿州制图印刷厂
开　　本	850mm ×1 168mm　1/32
印　　张	4. 75
字　　数	128 千字
版　　次	2012 年 2 月第 1 版　2014 年 5 月第 3 次印刷
定　　价	14. 00 元

《农民工劳动维权指南》
编委会

主　编　谢国庆

编　委　（按姓氏笔画排列）

刘　武　陈为民　罗承芙　程承珲

朱育红　赖由运　刘财生　张会文

目 录

目 录

第一章　农民工政策

一、农民工的主要特点有哪些?

农民工的主要特点是覆盖面广、组织无序、流动分散和难管理。具体表现为:

(1) 两地性和流动性。

(2) 分布的广泛性和松散性。

(3) 文化素质低,易受伤害性。

(4) 业余生活单调导致精神空虚,易犯罪性。

二、我国现在出台了哪些与农民工权益有关的法律和行政法规?

我国很重视维护农民工的权益,从改革开放到现在,在以下法律、行政法规中制定了直接或者间接保障农民工权益的有关规定:《中华人民共和国宪法》《中华人民共和国劳动法》《中华人民共和国未成年人保护法》《中华人民共和国妇女权益保护法》等,以及《中华人民共和国企业劳动争议处理条例》《劳动保障监察条例》《国务院关于职工工作时间的规定》《失业保险条例》《工资支付暂行规定》《建设领域农民工工资支付管理暂行办法》《最低工资规定》《禁止使用童工规定》。

三、外出务工的农民工需要办理哪些证件？
到什么地方办理？

外出务工的农民工一般需要办理以下几种证件。

（1）身份证。在户口所在地的公安派出所办理。

（2）婚育证。在户口所在地县级人民政府计划生育行政管理部门或者乡（镇）人民政府、街道办事处办理。婚育证的主要对象是已婚育龄女性。

（3）外出人员就业登记证。在户口所在地的县级以上劳动保障部门办理。有的地方受县级劳动保障部门委托，乡（镇）劳动保障管理站（所）也可以办理。

（4）外来人员就业证。在务工所在地的劳动保障部门办理，一般由所在单位代办。

（5）暂住证。在务工所在地的公安部门办理，一般由所在单位代为办理。除上述证件外，如果从事的工作属于实行职业资格证书制度的，务工者还需要有劳动保障部门颁发的《职业资格证书》。在公共场所工作的，还需要卫生防疫部门颁发的健康合格证。

四、什么是暂住证？外出务工的农民如何
办理暂住证？收费标准是什么？

暂住证是国家对城镇外来人口实施管理的一项有效措施。它规定户籍不在城镇的外来人口，需要在本城居住较长一段时间的，须向居住地户口登记机关申请领取证明文件。

依据相关法律的规定，凡是在城镇居住 3 日以上的外来人员，均应在到达之日起 3 日内向暂住地户口登记机关申报暂住登记；在其离开暂住地前，应该办理注销暂住手续。一般情况下，

暂住的时间不超过 3 个月，有正当理由需要延长暂住时间的，应当在期满之前向暂住地户口登记机关申请延长暂住时间。外来人员在申报登记的同时，应当领取暂住证或者寄住证，并缴纳适当的工本费用。

办理暂住证一般应该按以下方式进行：第一，农民工在外出前应到其户籍所在地的户口登记机关办理相关的证明材料，户籍所在地与经常居住地不一致的，到经常居住地的户口登记机关办理，以证明其身份情况或农民工的基本情况。第二，农民工到达打工单位后，应该要求雇用单位出具有关劳务关系的证明。第三，农民工应持有原常住户口登记机关的证明和雇用单位出具的证明，到暂住地户口登记机关办理申报登记，领取暂住证。如果农民工需要租用房屋的，应该与出租人一起到房屋所在地公安机关派出所办理暂住证。另外，如果农民工因为打工而暂住的时间超过 3 个月，可以办理超过 3 个月的暂住证，不需要办理延长手续。

暂住证卡工本费收费标准，含集成电路的证卡（IC 卡）按照每张不超过 20 元的标准核定，不含集成电路的证卡按照每张不超过 15 元的标准核定。

五、农民工可以从事的工作有哪些?

农民工可以从事的工作很广泛，可以根据自己的能力、专长选择工作。通常农民工从事的工作多集中在建筑业、修理业、家政服务业、装修业、餐饮业、服装加工业、美容美发业、保安业等行业部门。应该注意的是，只要所从事的工作不是法律明令禁止的，就会受到法律的保护。

六、农民工如何才能找到适合自己的工作？

农民朋友只有清楚自身能力、性格和爱好，结合下面几项基本知识，才能尽快找到适合自己的工作。

（1）打工途径多。农民打工最好是就近通过熟人寻找合适的工作，也可以通过本地的劳动就业服务机构达到就近打工的目的。打算到外地打工的农民可以在当地参加有组织的劳务输出，由当地劳动就业服务机构或劳务派遣组织统一输送到输入地的用人单位；没有选择有组织劳务输出的农民朋友，来到务工地后，还可以通过务工地劳动保障部门的职业介绍机构，由社会团体、街道、社区等开办的社会职业介绍机构寻找工作，也可以通过电台、报纸、刊物、互联网等媒体了解用工信息找到自己合适的工作。

（2）所求工作要合适。农民外出打工，多数在建筑业、修理业、家政服务业、装修业、餐饮业、服装加工业、美容美发业、保安业等行业中寻找适合自己的工作。从事建筑工作的人员，应有较强壮的身体，并要有安全意识，做瓦工、木工、架子工等还需要一定的技能与知识；从事修理工作的人员，要求有专业技能，诚信待人；从事家政服务的工作人员，要身体健康，讲究卫生，性情温和，耐心细致，尊老爱幼，善于与人友好相处；从事装修工作的人员，要求有较高的技术，除了身体健康外，还要了解各种装修材料、工艺过程和安全常识；从事餐饮工作的人员，身体要健康，无传染病，五官端正，有一定的文化水平；从事服装加工的人员，需要经过专业培训，掌握服装加工专业技能；从事美容美发工作的人员，对从业者有较高的素质要求，除了需要具备相关的业务知识外，还要具备一定的审美能力和想象力；从事保安工作的人员，要经过专门培训，懂得法律常识，有较强的责任心，敢于同坏人坏事作斗争。在了解工作要求的基础上，农民工朋友要结合自身能力、性格和兴趣，正确判断哪些工作适合自己。

（3）有的工作需要相应的资格证书。部分涉及国家财产、人民生命安全和消费者利益的职业、工种，从业人员必须取得相应的职业资格证书后才能上岗。农民朋友如果拥有相应的职业资格证书，自己的能力就可以得到社会的认可，从而可以更容易地找到适合自己的工作。获取职业资格证书，首先要掌握必要的专业知识和技能，如果还不具备条件，可以先参加职业技能培训，然后到当地的职业技能鉴定机构申请参加职业技能鉴定。经鉴定合格的，由劳动保障部门核发相应的职业资格证书。

七、农民工如何培养自己的一技之长？

目前，我们社会不乏高学历的知识型人才，最缺乏的是具有"一技之长"的劳动者。农民工培养一技之长对进城务工是非常有利的，可以从以下途径来培养。

（1）学习传统技艺。作为农村有志青年，要善于发现和利用民间传统工艺和传统产品的价值，这不仅可以使自己掌握一技之长，有助于就业，也使地方传统文化在新的形势下得到继承和发展。

（2）向有经验、有技术的人学习，拜他们为师，尤其是向那些有过进城务工经验，而且比较成功的人学习。

（3）根据自身条件参加职业技术学校或技术培训机构的培训。常见的培训途径有以下几种：

①县、乡镇劳动服务机构举办的培训班。

②职业高中、技校、夜校和农业广播电视学校等专门的职业培训学校。

③电视学校或网络学校的培训。

选择何种培训方式，需要根据自己的文化基础、经济实力、就业去向和兴趣等综合考虑。学习是一个持之以恒的过程，进城务工之前要学，进城务工之后，仍要不断地学习，这样才能不断提高自己的工作能力。

八、农民工可以通过哪些途径进城务工？

农民工进城务工的途径有：

（1）用人单位直接到当地招工。这种途径，不仅可以节约找工作的时间，也可节省进城镇找工作的费用。但要注意考察招工单位的真实性和可靠性，以免上当受骗。

（2）从当地的乡、县劳动就业服务机构获取信息（比如乡、镇就业服务站，县劳动就业服务机构等）。

（3）老乡、亲友的介绍。在城镇务工的亲朋好友不仅有在城镇工作的经验，也了解进城务工的相关信息，特别是他们所在单位用工的信息。这些信息可靠，是获取务工信息简单有效的途径。

（4）通过报纸、刊物、广播、电视、网络等途径来获得进城务工的信息，这些信息来源复杂，使用这些信息时要注意筛选，避免上当受骗。

九、建筑业需要务工人员的常见工种有哪些？ 具备了哪些素质才可以从事建筑业？

建筑业工种庞多，包括砌筑工、混凝土工、钢筋工、木工、油漆工、抹灰工等几百种职业岗位。下面介绍几种主要工种。

1. 砌筑工

砌筑工是使用手工工具，按设计技术规范要求，砌墙、筑门等，为屋顶盖瓦，对墙壁和天花板进行抹灰、粉刷。

2. 混凝土工

在建筑工地从事混凝土的配料、搅拌、灌浆等工作，建造钢筋混凝土结构或结构部件，如柱墩、桥梁等。

3. 架子工

脚手架在建筑工程施工中，是一项不可缺少的空中作业工具。架子工的任务就是用木头或钢管搭建与拆迁建筑作业架子，这是一项技术性很强的高空作业工作。

4. 杂工

主要工作包括清理建筑现场的卫生、挖掘地基、搬运建筑材料等，是不要特殊技术的体力劳动。

从事建筑业的素质要求：

（1）身体健康。凡患有高血压、心脏病、贫血、癫痫等病的人不宜从事建筑工作。

（2）具有安全意识。在施工过程中，稍不小心就可能发生意外，必须严格遵守安全操作规范，并懂得灭火、安全用电和急救常识等。

（3）具有基本的知识与能力。劳动者应具备初中的物理、化学、代数、几何知识，经过正规的专业培训，掌握建筑工艺中的一种或几种技能，熟悉有关建筑质量标准、质量管理等知识，了解建筑施工的一般过程。

十、对从事室内装修业的人员有哪些素质要求？

室内装修业除包括室内建筑材料的设计、生产、加工外，还有木工、门窗工、油漆工、抹灰工、管工、电工等许多工种。室内装修业涉及建筑物的安全、居室环境保护、装饰美化等内容，因此，对从业者的素质要求较高。

从事室内装修业，要具有初中以上的文化程度；要具有两年以上的专业训练或操作经历；了解各类装饰材料的性质、用途、使用方法；掌握室内装修的工艺过程；有一定的设计知识和识图能力，能按照图纸进行作业处理；掌握安全操作技术规程，以及防毒、防火常识。室内装修业的各个工种均有较高的技术要求，从业者必须掌握熟练的操作技能。

十一、从事餐饮业有哪些素质要求？

餐饮业是窗口行业，要求从业者具有良好的个人修养和基本素质。餐饮业包括的范围很广，大到宾馆、饭店、机关与学校食堂；小到茶馆、酒吧、饮食摊点、大排档等。涉及的职业包括餐厅经理、厨师、饭店服务员、食品售货员、送餐员、原料采购、洗碗工等。

从事该行业的基本素质要求有：

（1）文化素质。要具有初中以上文化程度；具有一定的原料、营养、卫生和经营管理方面的知识；如果在涉外饭店工作，还要有一定的外语会话能力。服务员应该不仅对本饭店经营的饭菜和酒水有足够的了解，还要了解饮食知识、文化，了解心理学、社会学，才能满足顾客的需求。

（2）心理素质。从事餐饮业的职业要有强烈的服务意识和端正的服务态度；能严格遵守职业纪律；能自觉抵制精神污染和金钱的腐蚀。

（3）在生理方面，要求味觉、嗅觉灵敏，动作反应迅速，双手及眼手协调能力强。无色盲、无口臭、无皮肤病、无传染病。

（3）注重仪表、整洁大方、懂得礼仪。穿着打扮要适当，保持饱满的精神状态。对服务员还要求五官端正、言语流畅。

十二、对修理业的从业人员有哪些素质要求?

修理业包括的范围很广,常见的如电器修理、机动车修理、人力车修理、钟表眼镜修理、上下水管道修理以及皮鞋、雨伞、皮包等物品的修理。从业的方式也是多种多样的:可应聘于公司、企业,如自来水公司、天然气公司、汽车修理厂等;也可自己租房开修理部或摆修理摊。

从事修理业应达到以下几个方面的要求。

(1)需要一定的专业知识和熟练的修理技术,要努力做到"手到病除"。

(2)职业道德很关键,要坚持诚信,顾客至上,文明服务。

(3)技术水平很重要。随着社会的迅速发展,从业者要不断地钻研技术,学习新的方法,学会使用最新的检测工具,提高服务水平。

十三、从事家政服务业有哪些素质要求?

家政服务业的特点是进入家庭内就业,工作项目多而细,包括照看婴儿、接送孩子、照顾老人和病人、洗衣做饭、打扫卫生等许多方面。因此,对从事家政服务业人员的素质要求也比较高,主要应具备以下几条。

(1)身体健康,无传染病。

(2)人品好,无不良道德品质问题。

(3)性格好,耐心细致。

(4)善于沟通。能及时向雇主反映各种情况,如出现问题要及时沟通解释清楚,防止出现误会。

十四、农民工可以加入工会吗?

工会组织的主体是职工,入会的唯一条件是社会身份。社会身份既具有阶级性又具有群众性。参加和组织工会的权利人,必须具备两个条件:一是以工资为主要生活来源,这是现代工人阶级的一个典型标志,这一条农民工已经具备;二是劳动关系中的劳动者,而不是劳动力的使用者,也就是与用人单位相对应的直接生产者,这一条农民工也完全具备。

农民工能不能加入工会,是一个涉及工会组织性质、成分的重要原则问题。因此,不仅要有准确的身份界定,还必须有充分的法律政策依据,并严格按照法律政策办事。发展城镇农民工入会主要来自三大法律政策依据:

第一个是依据《中华人民共和国宪法》。《中华人民共和国宪法》第二章第三十三条规定:"中华人民共和国公民在法律面前一律平等"。第三十五条规定:"中华人民共和国公民有言论、出版、集会、结社、游行、示威的自由"。这说明,农民工作为中国农民在国家所有的法律规定面前,是与城镇职工一样平等的,所有法律赋予公民的权利和义务,农民工都一样享有,不能人为地将农民工列入"另册"。《中华人民共和国宪法》所赋予的结社权是我国公民的一项基本权利。这一权利对于农民工来说,最集中表现为他们参加和组织工会的权利,已经得到了政府的确认,受到法律的保护,是合法的。

第二个是依据《中华人民共和国劳动法》。《中华人民共和国劳动法》第七条规定:"劳动者有权依法参加和组织工会"。这就是说,既然承认农民工是劳动者,那他们就享有依法参加和组织工会的权利。

第三个是依据《中华人民共和国工会法》。新修改的《中华人民共和国工会法》第三条规定:"在中国境内的企业、事业单位、机关中以工资收入为主要生活来源的体力劳动者和脑力劳动者，不分民族、种族、性别、职业、宗教信仰、教育程度，都有依法参加和组织工会的权利。任何组织和个人不得阻挠和限制"。《中国工会章程》的会员条件在第一条中的表述和《中华人民共和国工会法》是完全一致的，两者都将"以工资收入为主要生活来源的体力劳动者和脑力劳动者"作为建会和入会的衡量标准。承认现阶段的农民工属于工人队伍的新成员，让符合条件的农民工参加和组织工会，具有充分的法律依据，不让他们加入和建立工会，是严重的违法行为。

十五、农民工可以通过哪些途径来有效地维护自身权益？

现实中，劳动者权益保护方面最薄弱的环节就是农民工权益保护。农民工作为社会群体中的弱势群体，《中华人民共和国劳动法》所规定的基本劳动权在实行中受到了种种限制，劳动环境恶劣，工资被长期拖欠，职业病屡屡发生，生产事故时刻威胁着他们的生命，被非法搜身的事件不绝于耳。

因为缺少法律知识和维护自身合法权益的意识，不少农民工在权益受侵害时，采取的极端办法不太可取。农民工维权的有效办法只有一个，那就是依照《中华人民共和国工会法》和《中华人民共和国劳动法》的要求，加入和成立统一的工会组织。因为在企业和农民工的关系中，雇主方处于强势地位，而农民工则处于弱势地位。只有通过法律授予工会相应的维护权利，依靠工会集中职工的利益和意志，才能够形成和雇主事实上的平等主体，才能保障在企业和职工之间签订真正平等的合同和协议。工会具有法人资格，享有独立的权利、独立的财产并有能力承担相应的法律责任，这是工会维护农民工权益的优势和基础。政府则通过立法，保证工会权利的顺利行使，并对妨害工会行使维护农民工权益的行为给予法律制裁。因此，农民工只有建立和加入工会组织，才是维护自身权益既合法又有效的办法。

十六、职业中介机构设立的条件有哪些？其不得有的行为又有哪些？

我国就业促进法规定，首先，设立职业中介机构，应当同时具备以下4个条件。

（1）有明确的章程和管理制度。

（2）有开展业务必备的固定场所、办公设施和一定数额的开办资金。

（3）有一定数量具备相应职业资格的专职工作人员。

（4）法律、法规规定的其他条件。

其次，设立职业中介机构，应当依法办理行政许可，并应当向工商行政部门办理工商登记。

从事职业中介活动，应当遵循合法、诚实信用、公平、公开的原则。用人单位通过职业中介机构招用人员，应当如实向职业中介机构提供岗位需求信息。禁止任何组织或者个人利用职业中介活动侵害劳动者的合法权益。职业中介机构不得有以下5种行为。

（1）提供虚假就业信息；

（2）为无合法证照的用人单位提供职业中介服务；

（3）伪造、涂改、转让职业中介许可证；

（4）扣押劳动者的居民身份证和其他证件，或者向劳动者收取押金；

（5）其他违反法律、法规规定的行为。

十七、如何识别"黑职介"？

正规职业介绍所必须持有职业介绍许可证和工商营业执照，

有关证件应悬挂在醒目的位置。对"黑职介"而言，他们无法做到这一点，只能拿假证件和复印件诓骗求职者。求职者如果碰到这种情况，请务必记下证件号码和其他有关信息，然后到相关部门查询。

正规的职介所只收登记费和中介费，其中，登记费一般在10元左右，若对方以"好单位"、"好工作"或"高报酬"等相诱惑，开口就要几十甚至上百元，那就有可能碰到"黑职介"了。此外，根据法律规定，任何用人单位不得收取档案费、工本费、押金等费用，求职者如果碰到用人单位收取这些费用，就得当心遇到皮包公司了。

求职者上当受骗，一个重要的原因是对"求职须知"不了解。其实，只要在求职时多提些问题，一般都能发现"黑职介"的狐狸尾巴。

首先，问各种手续或招聘情况。只要服务人员说得多了，就肯定会露出马脚。有一点要注意，当求职者欲记录某些信息时，正规职介所的工作人员会泰然处之，而"黑职介"就显得十分紧张，通常会断然拒绝。

其次，对于职介所的收费项目，求职者一定要敢于质问。原则上，职介所只能收取一点资料费和中介费，对于工本费、办暂住证等费用，职介所无权收取。另外，求职者求职前最好到职介所辖区的劳动部门咨询一下该职介所的"信用等级"。凡是劳动部门评价不高的职介所就不要去。

再次，和正规的职介所相比，"黑职介"规模小，位置比较隐蔽，条件简陋，通常只有一部电话、几张桌椅、几个人和一些随便贴在墙上的所谓招聘信息。对待求职者，"黑职介"的工作人员喜欢随口承诺。另外，"黑职介"收费不明确，且收费从不开具发票。

十八、农民工进行双向维权有何法律依据？

农民工进行双向维权机制的法律依据很多，如《中华人民共和国宪法》《中华人民共和国工会法》《中华人民共和国劳动法》，中共中央、国务院的规定等，还有其他许多有关的法律法规，如部颁规定，各省、市、自治区有关地方法规等等。其中，最主要的依据是《中华人民共和国宪法》《中华人民共和国工会法》《中华人民共和国劳动法》中的有关法律条文。

十九、当前，农民工经济权益受到侵犯的现象有哪些？

当前，农民工经济权益受到侵犯的现象有：

（1）工资被无故或长期拖欠。

（2）不能享受最低工资和基本生活保障。

（3）不能享受同工同酬、按劳分配的公平待遇。

（4）不能享有休息休假的权利，加班加点不能依法取得相应的加班报酬。

（5）不能享受养老、失业、工伤和医疗保险等福利待遇。

（6）随意遭处罚和克扣工资，无端遭辞退，并且不合理的押金也不退还。

二十、为农民工维权有什么样的社会意义？

为农民工维权的社会意义有：

（1）为农民工维权是全面建设小康社会的保障。我国工人阶级队伍始终是推动我国先进生产力发展和社会全面进步的根本力量，包括农民工在内的工人阶级是全面建设小康社会宏伟目标的主力军。因此，维护亿万农民工的合法权益，对于全面建设小康社会，至关重要。

（2）为农民工维权是推动经济社会健康发展的需要。目前，农民工是全国建筑、纺织、采掘和一般服务业的劳动主体，已成为我国产业工人的重要组成部分。他们在非农产业的各个领域靠辛勤劳动创造了巨大的社会财富，是改革开放以来国民经济快速增长的主要推动者。

（3）为农民工维权是保障社会稳定的需要。保障社会稳定是顺利推进改革开放和现代化建设的前提，是人民群众的根本利益所在。由于历史和文化诸方面的原因，农民工确实存在素质不高和法律意识淡薄的问题，不正当维权屡屡出现。因此，维护其合法权益是事关社会稳定的重大政治问题。

二十一、农民工维权有何宗旨？

农民工维权不仅关系到农民工的切身利益，也关系到社会的发展和进步，其宗旨有如下几点。

（1）农民工维权旨在保障法律面前人人平等，《中华人民共和国宪法》规定："中华人民共和国公民在法律面前一律平等。"农民工作为公民应当在法律、政策和法规面前，享受平等的待遇。农民工与城市职工的平等关系，主要体现在政治权利的平等、经济权利的平等和劳动权利的平等3个方面。

（2）农民工维权旨在引导农村富余劳动力合理流动。做好农村富余劳动力转移就业服务工作，引导其合理流动，是贯彻党中央、国务院"公平对待、合理引导、完善管理、搞好服务"的方针。维护农民工合法权益，就应加大力度，引导亿万农民工实现由盲目到明确、由无序到有序、由分散到有组织地合理流动，及时、准确地提供劳务信息，清除各种不合法的用工制度，让农民工各尽其能，各得其所。

（3）农民工维权旨在推动社会进步。工人阶级是先进生产力的代表，对社会的进步和发展起着重要的作用。与社会化大生产相联系的农民工已成为中国工人阶级的重要组成部分，是我国经济和社会发展中的重要新生力量。因此，维护他们的合法权益，发挥他们的重要作用，对社会进步起着有力的推动作用。

（4）农民工维权旨在保障社会稳定。大量农民进城务工，在加快城市建设和经济发展的同时，也给城市带来了一些不安定因素。因此，维护农民工合法权益，必须围绕社会稳定这一总体目标来进行，以农民工的稳定确保社会的稳定。

（5）农民工维权旨在扩大党的阶级基础。大批农民工进城务工，壮大了工人阶级的队伍；目前，农民工已成为我国工人阶级不可分割的重要组成部分，重视农民工就必须做好农民工权益的维护工作，使之成为工人阶级的重要力量，成为我们党的最坚实的阶级基础。

二十二、怎样根据农民工的特点进行维权？

农民工遇到不公正待遇，从根本上说，是社会对农民工还存在认识偏见，没有把农民工作为工人阶级的一部分来看待，因而导致农民工的合法权益得不到维护。所以，转变对农民工的偏见，消除不合理的限制和歧视性的做法，是维护农民工权益的前提。

从农民工的松散无序现状看，最大限度地把农民工组织到工会中来，是维护其合法权益的有效途径。同时，应该针对农民工的两地性和流动性特点，实行双向维权。具体做法，一是依法推进新建企业特别是农民工较为集中企业的建会工作；二是在务工中发展农民工加入工会组织；三是在农民工家乡建立外出务工人员工会联合会，发展农民工入会；四是建立流动会员会籍管理制度。

当前，维护农民工的合法权益，最突出的是要解决好拖欠和克扣工资、安全生产无保障等问题。有关部门必须尽快健全对用工单位的督查监管体制，加强对涉及农民工合法权益问题的处理力度，一定要讲究实效，不能以罚代管。工会要积极协助有关部门纠正和解决侵害农民工利益的事件，并且采取具体措施，通过一定的工作程序和方法，依法维护农民工的权益。

工会要从源头上参与有关涉及农民工的政策法规的制定，监督各项政策法规的贯彻落实。要加大宣传力度，呼吁全社会关心和帮助农民工，在企业全面推行劳动合同和集体合同制度，推行厂务公开和健全职代会制度，完善职工民主管理机制，并进一步健全劳动争议、调解、仲裁机制，促使农民工的维权问题得到及时、公正、合理地解决。因此，从源头上参与维护，是农民工维权的根本保证。

提高农民工综合素质，增强其自主择业、适应能力和自我维护意识。首先，要加强对法律法规知识的学习；其次，要加强文化知识和职业技能的培训；再次，要加强安全生产常识和公民道德规范标准的培训。

二十三、农民工作为公民应享有哪些权利？

农民工享有的权利有：

（1）享有《中华人民共和国宪法》和法律规定的权利，并且在法律面前一律平等。

（2）年满 18 周岁的公民享有选举权和被选举权。

（3）享有人身自由和人格尊严不受侵犯的权利。

（4）享有言论、出版、集会、结社、游行、示威自由的权利。

（5）享有劳动和休息休假的权利。

（6）享有对国家机关及工作人员提出批评和建议的权利。

（7）享有参加养老保险等社会保障的权利。

（8）享有从国家和社会获得物质帮助的权利。

（9）享有受教育的权利。

二十四、农民工应享有哪些政治民主权利？

农民工享有的政治民主权利有：

（1）享有依法加入工会组织的权利。

（2）享有选举权、被选举权和表决权。

（3）享有参与企业民主管理和民主监督的权利。

（4）享有参加各项社会活动的权利。

（5）享有子女接受义务教育的权利。

（6）合法权益受工会保护的权利。

二十五、维护农民工合法权益的主要 法律依据有哪些？

目前，维护农民工的合法权益，主要依据 3 部法律：

（1）《中华人民共和国劳动法》，1994 年 7 月 5 日颁布，1995 年 1 月 1 日起施行。

（2）《中华人民共和国劳动合同法》，2007 年 6 月 29 日通过，2008 年 1 月 1 日起施行。

（3）《中华人民共和国工会法》，2001 年 10 月 27 日修正颁布并施行。

二十六、为什么说农民工应该享有 和城镇职工一样的权利？

农民工作为中华人民共和国公民理应享有与城镇职工同等的

公民权利，即在法律面前一律平等。农民工作为城市的建设者、劳动者，已经成为工人阶级队伍的新成员，理应和城镇职工一样享有同等权利。从农民工的作用、贡献以及劳务经济发展趋势来看，农民工更应和城镇职工一样享有同等权利。

二十七、国家出台了哪些政策保障农民工子女接受义务教育？

《国务院关于解决农民工问题的若干意见》规定，农民工输入地政府要承担起农民工同住子女义务教育的责任，将农民工子女义务教育纳入当地教育发展规划，列入教育经费预算，以全日制公办中小学为主接收农民工子女入学，并按照实际在校人数拨付学校公用经费。城市公办学校对农民工子女接受义务教育要与当地学生在收费、管理等方面同等对待，不得违反国家规定向农民工子女加收借读费及其他任何费用。输入地政府对委托承担农民工子女义务教育的民办学校，要在办学经费、师资培训等方面给予支持和指导，提高办学质量。输出地政府要解决好农民工托留在农村子女的教育问题。

二十八、怎样做好农民工子女接受义务教育的工作？

2003 年 9 月 17 日，国务院办公厅转发了教育部、中央编办、公安部、发展改革委、财政部、劳动保障部《关于进一步做好进城务工就业农民子女义务教育工作的意见》，其中规定，进城务工就业农民输入地政府负责进城务工就业农民子女接受义务教育工作，以全日制公办中小学为主。地方各级政府特别是教育行政部门和全日制公办中小学要建立完善保障进城务工就业农民子女接受义务教育的工作制度和机制，使进城务工就业农民子女受教育环境得到明显改善，九年义务教育普及程度达到当地标准水平。

二十九、《关于进一步做好进城务工就业农民工子女义务教育工作的意见》对农民工子女接受义务教育的费用方面有没有什么特殊规定？

《关于进一步做好进城务工就业农民子女义务教育工作的意见》规定，建立进城务工就业农民子女接受义务教育的经费筹措保障机制。输入地政府财政部门要对接收进城务工就业农民子女较多的学校给予补助。城市教育附加费中要安排一部分经费，用于进城务工就业农民子女义务教育工作。积极鼓励机关团体、企事业单位和公民个人捐款、捐物，资助家庭困难的进城务工就业农民子女就学。

采取措施，切实减轻进城务工就业农民子女教育费用负担。输入地政府要制定进城务工就业农民子女接受义务教育的收费标准，减免有关费用，做到收费与当地学生一视同仁。要根据学生家长务工就业不稳定、住所不固定的特点，制定分期收取费用的办法。通过设立助学金、减免费用、免费提供教科书等方式，帮助家庭经济困难的进城务工就业农民子女就学。对违规收费的学校，教育行政部门等要及时予以查处。

三十、怎样保障农民工子女享受义务教育的权利？

2003 年 12 月 25 日，财政部、劳动保障部、公安部、教育部、人口计生委联合下发了《关于将农民工管理等有关经费纳入财政预算支出范围有关问题的通知》，其中规定，各地教育行政部门要配合政府有关部门认真贯彻执行《国务院办公厅转发教育部等部门关于进一步做好进城务工就业农民子女义务教育工作意见的通知》精神，建立并完善保障进城务工就业农民子女义务教育的工作制度和经费筹措保障机制。教育行政部门要将进城务工就业农民子女义务教育工作纳入当地普及九年义务教育工作的范畴，充分发挥全日制公办中小学的接收主渠道作用，加强对接受进城务工就业农民子女义务教育为主的社会力量所办学校的扶持和管理，指导和督促中小学认真做好接受就学和教育教学工作。积极采取措施，切实减轻进城务工就业农民子女教育费用负担，做到收费与当地学生一视同仁。

三十一、怎样做好流动人口的计划生育工作？

流动人口住所的不确定性，加大了计划生育工作的难度，因此，国家计生委、中央综治办、公安部、民政部、财政部、劳动和社会保障部、建设部、卫生部、国家工商总局2003年12月8日联合下发了《关于进一步做好流动人口计划生育工作的意见》。这个文件规定，各部门要加强依法维权、优质服务意识，切实维护流动人口计划生育合法权益；要加强职责法定、依法行政意识，自觉履行法律、法规的有关规定，在各自的职责范围内做好流动人口计划生育工作；要加强综合决策、综合治理意识，坚持党政统一领导、部门参与、属地管理、优质服务的工作机制。将计划生育管理服务制度与相关部门的改革举措结合起来，加大综合改革力度，实现管理和服务工作机制的创新。

各部门要从维护稳定、促进发展的大局出发，按照"公平对待，合理引导，完善管理，搞好服务"的原则，结合本部门的工作实际，明确职责，密切配合，齐抓共管，形成合力，共同解决流动人口计划生育管理和服务工作中的突出问题。

各部门要指导各类企业、事业单位、城乡基层群众自治组织配合政府做好包括流动人口在内的计划生育工作，积极开展人口与计划生育宣传教育，自觉维护流动人口实行计划生育的合法权益，及时向政府有关部门通告相关信息，并配合做好有关管理和服务工作。

三十二、针对为流动人口提供方便、快捷的计划生育服务，国家出台了哪些措施？

财政部、劳动保障部、公安部、教育部、人口计生委《关于将农民工管理等有关经费纳入财政预算支出范围有关问题的通知》规定，各地人口与计划生育部门要从国家社会经济发展的大局出发，坚持改革创新，更新管理与服务理念，按照"以现居住地管理为主"的原则和"同管理，同服务，同考核"工作要求，积极探索建立统一、协调、规范的工作机制，切实做好流动人口计划生育管理与服务工作。要按照精干、高效的原则建立流动人口计划生育工作队伍，加强部门预算管理，优化支出结构，确保法律、法规规定的免费避孕节育技术服务等支出项目所必需的经费，为流动人口提供方便、快捷的计划生育技术服务。

三十三、如何推进流动人口的社会化管理？

财政部、劳动和社会保障部、公安部、教育部、人口计生委《关于将农民工管理等有关经费纳入财政预算支出范围有关问题的通知》规定，各有关部门要转变观念，按照输入地属地管理的原则，将对农民工的管理服务纳入输入地公共管理和服务工作范围。要认真研究农民进城务工带来的新问题，按照行政改革的总体要求，重新审视相关管理服务行为的合理性和有效性。要本着勤俭办一切事业的原则，合并重复设置的机构，压缩不必要的开支，整合管理服务队伍。

各地公安机关在警力配置上要向基层和一线倾斜，充实公安派出所警力，增加一线社区民警警力，使其有足够的力量管理流动人口。要适应新形势的要求，积极推行流动人口社会化管理，由政府根据暂住人口管理工作实际需要，本着精干、高效的原则，兼顾财力情况配备一定数量的协管员，协助做好流动人口管理和服务工作。

第二章　农民劳务工资

一、什么是最低工资标准?

最低工资标准,是指劳动者在法定工作时间或者劳动合同约定的工作时间内,提供了正常劳动,用人单位依法应当支付的最低劳动报酬。最低工资标准一般由省、自治区、直辖市人民政府规定,报国务院备案。最低工资标准一般采取月最低工资标准和小时最低工资标准两种形式,月最低工资标准适用于全日制就业的劳动者,小时最低工资标准适用于非全日制就业的劳动者。

二、用人单位对劳动者的工资发放
应当依法遵守哪些规定?

根据《中华人民共和国劳动法》第四十六条至第五十条、劳动和社会保障部《工资支付暂行规定》,用人单位对劳动者的工资发放应依法遵守如下规定。

(1) 工资分配应当遵循按劳分配原则,实行同工同酬。工资应当以法定货币支付。不得以实物及有价证券替代货币支付。

(2) 用人单位应当按月将工资支付给劳动者本人,实行周、日、小时工资制的可按周、日、小时支付工资,对完成一次性临时劳动或某项具体工作的劳动者,用人单位应按有关协议或合同约定在其完成劳动任务后即支付工资。不得克扣或者无故拖欠劳动者的工资。劳动者本人因故不能领取工资时,可由其亲属或委托他人代领。用人单位可委托银行代发工资。用人单位必须书面记录支付劳动者工资的数额、时间、领取者的姓名以及签字，并保存两年以上备查。用人单位在支付工资时应向劳动者提供一份其个人的工资清单。

（3）劳动关系双方依法解除或终止劳动合同时，用人单位应在解除或终止劳动合同时一次付清劳动者工资。

（4）用人单位在劳动者完成劳动定额或规定的工作任务后，根据实际需要安排劳动者在法定标准工作时间以外工作的，应按以下标准支付工资。

①用人单位依法安排劳动者在日法定标准工作时间以外延长工作时间的，按照不低于劳动合同约定的劳动者本人小时工资标准的150%支付劳动者工资；

②用人单位依法安排劳动者在休息日工作，而又不能安排补休的，按照不低于劳动合同约定的劳动者本人日或小时工资标准的200%支付劳动者工资；

③用人单位依法安排劳动者在法定休假节日工作的，按照不低于劳动合同约定的劳动者本人日或小时工资标准的300%支付劳动者工资。实行计件工资的劳动者，在完成计件定额任务后，由用人单位安排延长工作时间的，应根据上述规定的原则，分别按照不低于其本人法定工作时间计件单价的150%、200%、300%支付其工资。经劳动行政部门批准实行综合计算工时工作制的，其综合计算工作时间超过法定标准工作时间的部分，应视为延长工作时间，并应按以上规定支付劳动者延长工作时间的工资。

5. 用人单位支付劳动者的工资不得低于当地最低工资标准。因劳动者本人原因给用人单位造成经济损失的，用人单位可按照劳动合同的约定要求其赔偿经济损失。经济损失的赔偿，可从劳动者本人的工资中扣除。但每月扣除的部分不得超过劳动者当月工资的20%。若扣除后的剩余工资部分低于当地月最低工资标准，则按最低工资标准支付。

6. 劳动者在法定休假日和婚丧假期间以及依法参加社会活动期间，用人单位应当依法支付工资。非因劳动者原因造成单位停工、停产在一个工资支付周期内的，用人单位应按劳动合同约定的标准支付劳动者工资。超过一个工资支付周期的，若劳动者提供了正常劳动，则支付给劳动者的劳动报酬不得低于当地的最低工资标准；若劳动者没有提供正常劳动，应按国家有关规定办理。

三、什么是加班加点？

加班加点，是指用人单位要求劳动者超过法律法规规定的每月工作天数、每天工作小时数。根据《中华人民共和国劳动法》第四十一条至第四十三条的规定，用人单位由于生产经营需要，经与工会和劳动者协商后可以延长工作时间，一般每日不得超过 1 小时；因特殊原因需要延长工作时间的，在保障劳动者身体健康的条件下延长工作时间每日不得超过 3 小时，每月不得超过 36 小时。但是，有下列情形之一的除外。

①发生自然灾害、事故或者因其他原因，威胁劳动者生命健康和财产安全，需要紧急处理的；

②生产设备、交通运输线路、公共设施发生故障，影响生产和公众利益，必须及时抢修的；

③法律、行政法规规定的其他情形。

四、如何计算劳动者加班加点时间的工资？

根据《中华人民共和国劳动法》第四十四条和《工资支付暂行规定》第十三条的规定，劳动者加班加点时间的工资按以下方法计算。

（1）用人单位依法安排劳动者在日法定标准工作时间以外

延长工作时间的，按照不低于劳动合同规定的劳动者本人小时工资标准的 150% 支付劳动者工资。

（2）用人单位依法安排劳动者在休息日工作，而又不能安排补休的，按照不低于劳动合同规定的劳动者本人日或小时工资标准的 200% 支付劳动者工资。

（3）用人单位依法安排劳动者在法定休假节日（包括元旦、春节、清明节、端午节、中秋节、国际劳动节、国庆节）工作的，按照不低于劳动合同规定的劳动者本人日或小时工资标准的 300% 支付劳动者工资。实行计件工资的劳动者，在完成计件定额任务后，由用人单位安排延长工作时间的，应根据上述规定的原则，分别按照不低于其本人法定工作时间计件单价的 150%、200%、300% 支付其工资。经劳动行政部门批准实行综合计算工时工作制的，其综合计算工作时间超过法定标准工作时间的部分，应视为延长工作时间，并应按本规定支付劳动者延长工作时间的工资。

五、用人单位违反加班加点规定应承担什么后果？

根据《劳动和社会保障部关于违反〈中华人民共和国劳动法〉行政处罚办法》第四条至第六条的规定，用人单位违反加班加点规定，除应当按有关规定支付劳动者经济补偿外，还应承担如下责任。

（1）用人单位未与工会和劳动者协商，强迫劳动者延长工作时间的，应给予警告，责令改正，并可按每名劳动者每延长工作时间 1 小时罚款 100 元以下的标准处罚。

（2）用人单位每日延长劳动者工作时间超过 3 小时或每月延长工作时间超过 36 小时的，应给予警告，责令改正，并可按每名劳动者每超过工作时间 1 小时罚款 100 元以下的标准处罚。

（3）用人单位有下列侵害劳动者合法权益行为之一的，应责令支付劳动者的工资报酬、经济补偿，并可责令按相当于支付劳动者工资报酬、经济补偿总和的 1 倍至 5 倍支付劳动者赔偿金：

①克扣或者无故拖欠劳动者工资的；

②拒不支付劳动者延长工作时间工资报酬的；

③低于当地最低工资标准支付劳动者工资的；

④解除劳动合同后，未依照法律、法规规定给予劳动者经济补偿的。责令用人单位支付劳动者经济补偿按有关规定执行。

六、如何计算劳动者的日工资和小时工资？

劳动和社会保障部《关于职工全年月平均工作时间和工资折算问题的通知》规定，劳动者的日工资可以按照劳动者本人的月工资标准除以每月制度工作天数进行折算。

1. 工作时间的计算

年工作日：365 天 – 104 天（休息日）– 11 天（法定节假日）= 250 天

季工作日：250 天 ÷ 4 季 = 62.5 天/季

月工作日：250 天 ÷ 12 月 = 20.83 天/月

工作小时数的计算：以月、季、年的工作日乘以每日的 8 小时。

2. 日工资、小时工资的折算

按照《中华人民共和国劳动法》第五十一条"劳动者在法定休假日和婚丧假期间以及依法参加社会活动期间，用人单位应当依法支付工资"的规定，在法定节假日期间用人单位应当依法支付工资，即折算日工资、小时工资时不剔除国家规定的 11 天法定节假日。据此，日工资、小时工资的折算为：

日工资 = 月工资收入 ÷ 月计薪天数

小时工资＝月工资收入÷（月计薪天数×8 小时）

月计薪天数＝（365 天 – 104 天）÷12 月＝21.75 天

七、在工程承包企业中劳动者可以向业主或工程总承包企业索取工资吗？

根据劳动和社会保障部《建设领域农民工工资支付管理暂行办法》第一条、第十条至第十二条的规定，在工程承包企业中，劳动者的工资如果不能按时足额领到时，农民工可以向业主或工程总承包企业索取，但应满足以下条件。

（1）农民工需与在我国境内的建筑工程承包企业（指从事土木工程、建筑工程、线路管道设备安装工程、装修工程的新建、扩建、改建活动的承包企业）之间形成劳动关系。

（2）业主或工程总承包企业未按合同约定与建设工程承包企业结清工程款，致使建设工程承包企业拖欠农民工工资的，由业主或工程总承包企业先行垫付农民工被拖欠的工资，先行垫付的工资数额以未结清的工程款为限。

（3）企业因被拖欠工程款导致拖欠农民工工资的，企业追回的被拖欠工程款，应优先用于支付拖欠的农民工工资。

（4）工程总承包企业不得将工程违反规定发包、分包给不具备用工主体资格的组织或个人，否则应承担清偿拖欠工资连带责任。

八、法律对劳动者工作时间有哪些具体规定？

我国法律规定的工作时间制度包括标准工作时间、缩短工作时间和延长工作时间3个方面。

（1）标准工作时间，是指用人单位在正常情况下应当执行的工作时间。根据《中华人民共和国劳动法》第三十六条至第四十条和《国务院关于职工工作时间的规定》，法律对劳动者工作时间的具体规定如下。

①国家实行劳动者每日工作时间不超过 8 小时、平均每周工作时间不超过 40 小时的工时制度；

②对实行计件工作的劳动者，用人单位应当根据日 8 小时、周 40 小时的工时制度合理确定其劳动定额和计件报酬标准；

③用人单位应当保证劳动者每周至少休息 1 日；

④用人单位在国家法定节日期间应当依法安排劳动者休假。

（2）缩短工作时间，是指在特殊条件下从事劳动和有特殊情况需要适当缩短工作时间。缩短工作时间是针对从事有害身体健康、劳动条件恶劣、特别繁重体力劳动的职工及女工和未成年工等特定条件下的职工实行的。

①从事矿山、井下、高山工种和从事有严重毒害、特别繁重或过度紧张作业的职工，每个工作日要少于 8 小时；

②夜班工作时间，实行 3 班制的职工夜班可减少 1 小时并发给夜班津贴；

③哺乳未满 12 个月婴儿的女职工，每日工作时间给予 2 次哺乳时间，每次 30 分钟；

④对未成年工实行每日工作时间一般不超过 7 小时。

（3）延长工作时间。根据《中华人民共和国劳动法》第四十一条的规定，用人单位由于生产经营需要，经与工会和劳动者协商后可以延长工作时间，一般每日不得超过 1 小时；因特殊原因需要延长工作时间的，在保障劳动者身体健康的条件下延长工作时间每日不得超过 3 小时，每月不得超过 36 小时。但是，有《中华人民共和国劳动法》第四十二条规定情形之一的除外。延长工作时间，用人单位必须按《中华人民共和国劳动法》第四十四条的规定支付劳动者的工资报酬。

九、我国法律法规对休息和休假有哪些规定?

休息休假是指机关、企业、事业、社会团体等单位的劳动者按照国家规定不必进行工作，而自行支配的时间。

休息休假是每个公民都应享有的权利，用人单位在法律规定的范围内可以与劳动者约定休息休假事项。休息是指每周的休息天数，根据《中华人民共和国劳动法》第三十八条的规定，用人单位应当保证劳动者每周至少休息一日。而休假则因"假"的种类繁多，规定也较多，下面针对休假分别介绍：

（1）法定节假日。根据《中华人民共和国劳动法》第四十条的规定，用人单位在法定节日期间应当依法安排劳动者休假。用人单位安排劳动者在法定休假节日工作的，按照不低于劳动合同规定的劳动者本人日或小时工资标准的300%支付劳动者工资。根据2008年1月1日起施行的《全国年节及纪念日放假办法》的规定，我国的法定节假日分为三类。

①全体公民放假的节日，包括新年、春节、清明节、劳动节、端午节、中秋节、国庆节，具体放假情况是：一是新年，放假1天（1月1日）；二是春节，放假3天（农历除夕、正月初一、初二）；三是清明节，放假1天（农历清明当日）；四是劳动节，放假1天（5月1日）；五是端午节，放假1天（农历端午当日）；六是中秋节，放假1天（农历中秋当日）；七是国庆节，放假3天（10月1日、2日、3日）。

②针对部分公民放假的节日及纪念日，具体有：一是妇女节（3月8日），妇女放假半天；二是青年节（5月4日），14周岁以上的青年放假半天；三是儿童节（6月1日），不满14周岁的少年儿童放假1天；四是中国人民解放军建军纪念日（8月1日），现役军人放假半天。

③少数民族习惯的节日，由各少数民族聚居地区的地方人民

政府，按照各民族习惯，规定放假日期。全体公民放假的假日，如果适逢星期六、星期日，应当在工作日补假。部分公民放假的假日，如果适逢星期六、星期日，则不补假。

（2）年休假。年休假是职工每年都享有的保留工作和工资的连续休假，属于职工福利的组成部分。根据《中华人民共和国劳动法》第四十五条的规定，国家实行带薪年休假制度。劳动者连续工作一年以上的，享受带薪年休假。具体办法由国务院规定。根据2008年1月1日施行的《职工带薪年休假条例》的规定：

①机关、团体、企业、事业单位、民办非企业单位、有雇工的个体工商户等单位的职工连续工作1年以上的，享受带薪年休假。单位应当保证职工享受年休假。职工在年休假期间享受与正常工作期间相同的工资收入；

②职工累计工作已满1年不满10年的，年休假5天；已满10年不满20年的，年休假10天；已满20年的，年休假15天。国家法定休假日、休息日不计入年休假的假期；

③职工有下列情形之一的，不享受当年的年休假：一是职工依法享受寒暑假，其休假天数多于年休假天数的；二是职工请事假累计20天以上且单位按照规定不扣工资的；三是累计工作满1年不满10年的职工，请病假累计2个月以上的；四是累计工作满10年不满20年的职工，请病假累计3个月以上的；五是累计工作满20年以上的职工，请病假累计4个月以上的；

④单位根据生产、工作的具体情况，并考虑职工本人意愿，统筹安排职工年休假。年休假在1个年度内可以集中安排，也可以分段安排，一般不跨年度安排。单位因生产、工作特点确有必要跨年度安排职工年休假的，可以跨1个年度安排。单位确因工作需要不能安排职工休年休假的，经职工本人同意，可以不安排职工休年休假。对职工应休未休的年休假天数，单位应当按照该职工日工资收入的300%支付年休假工资报酬。

（3）探亲假。探亲假期是指职工与配偶、父、母团聚的时间。我国的职工探亲制度是在 1958 年建立的，该制度的建立使职工与亲属长期分居两地的团聚问题得到了一定程度的解决。现行的职工探亲制度是 1981 年 3 月 6 日国务院公布实施的《关于职工探亲待遇的规定》，具体规定如下。

①凡在国家机关、人民团体和全民所有制企业、事业单位工作满 1 年的固定职工，与配偶不住在一起，又不能在公休假日团聚的，可以享受本规定探望配偶的待遇；与父亲、母亲都不住在一起，又不能在公休假日团聚的，可以享受本规定探望父母的待遇。但是，职工与父亲或与母亲一方能够在公休假日团聚的，不能享受本规定探望父母的待遇。

②职工探亲假期：一是职工探望配偶的，每年给予一方探亲假 1 次，假期为 30 天；二是未婚职工探望父母，原则上每年给假 1 次，假期为 20 天。如果因为工作需要，本单位当年不能给予假期，或者职工自愿 2 年探亲 1 次的，可以 2 年给假 1 次，假期为 45 天；三是已婚职工探望父母的，每 4 年给假 1 次，假期为 20 天。

③集体所有制企业、事业单位职工的探亲待遇，由各省、自治区、直辖市人民政府根据本地区的实际情况自行规定。

（4）婚假、产假、护理假。这类假期一般由各省、自治区、直辖市根据《中华人民共和国人口与计划生育法》制定的地方法规进行规定。

（5）事假。事假是指职工因事请假，一般包括病假。职工因事因病请假不属于休假范围，一般受企业的规章制度约束。

（6）丧假。直系亲属，包括父母、配偶和子女死亡的，丧假 5 天（不含公休假和法定假日）；岳父母、公公、公婆死亡的参照执行。一般企业根据生产经营以及职工岗位决定，丧假期间按事假对待，可不发工资或发放基本工资。事业单位按国家规定或行业主管部门的规定执行。

第三章　劳动合同和集体合同

一、劳动合同的签订和履行

1. 什么是劳动合同?

劳动合同是劳动者与用人单位确立劳动关系、明确双方权利和义务的协议。建立劳动关系应当订立劳动合同。法律政策索引《劳动法》第十六条。

2. 劳动合同应包括哪些内容?

劳动合同包括必备条款和约定条款,前者包括用人单位的名称、住所和法定代表人或者主要负责人;劳动者的姓名、住址和居民身份证或者其他有效身份证件号码;劳动合同期限;工作内容和工作地点;工作时间和休息休假;劳动报酬;社会保险;劳动保护、劳动条件和职业危害防护;法律、法规规定应当纳入劳动合同的其他事项。后者包括试用期、培训、保守秘密、补充保险和福利待遇等其他事项。

3. 订立劳动合同应遵循的原则有哪些?

根据《中华人民共和国劳动合同法》第三条规定,订立劳动合同应当遵循以下原则。

(1) 合法原则。指劳动合同的签订主体、内容和形式都必须符合法律法规的规定,即:①在签订劳动合同时,作为主体一方的用人单位,应是中华人民共和国境内的企业、个体经济组织、民办非企业单位等组织,作为主体的另一方应是符合法定工作年龄并且为具有相应工作能力的劳动者;②合同的内容,必须具备用人单位的名称、住所和法定代表人或者主要负责人,劳动者的姓名、住址和居民身份证或者其他有效身份证件号码，劳动合同期限，工作内容和工作地点，工作时间和休息休假，劳动报酬，社会保险和劳动保护、劳动条件和职业危害防护等必备条款，并且其内容不得违反法律法规的规定；③合同的形式，除非全日制用工外都应当以书面形式订立合同。

（2）公平原则。指劳动合同的内容应公平合理，用人单位不得以自己所处的强势地位强迫劳动者签订具有显失公平条款的合同。

（3）平等自愿原则。指劳动者与用人单位作为签订劳动合同的双方当事人，在签订合同的过程中双方地位平等，合同内容反映的是双方的真实意思。

（4）协商一致原则。指合同条款是经过双方协商达成的，不允许任何一方将自己的意志强加给另一方。

（5）诚实信用的原则。指劳动者与用人单位在签订合同的过程中应做到诚实信用，不允许隐瞒和欺骗。《中华人民共和国劳动合同法》第八条规定，用人单位招用劳动者时，应当如实告知劳动者工作内容、工作条件、工作地点、职业危害、安全生产状况、劳动报酬，以及劳动者要求了解的其他情况；用人单位有权了解劳动者与劳动合同直接相关的基本情况，劳动者应当如实说明。

4. 劳动合同的订立要经过哪些步骤？

劳动合同的订立是指劳动合同订立双方当事人即用人单位和劳动者从接触、洽商直至达成合意的过程，是动态和静态协议的统一体。动态行为包括劳动合同订立双方当事人的接触和洽商，达成协议前的整个讨价还价过程；静态协议是指订立劳动合同达成合意，劳动合同条款至少是劳动合同的主要条款已经确定，劳动合同双方当事人享有的权利和承担的义务得以固定。订立劳动合同要经过劳动合同当事人的确定和劳动合同内容的确定两个阶段。

（1）劳动合同当事人的确定。此阶段因是用人单位主动向不特定的劳动者发出招聘信息，还是由劳动者向用人单位发出求职信息而不同。

用人单位主动向不特定的劳动者发出招聘信息确定劳动合同当事人要经过4个步骤：①公布招工或者招聘简章。用人单位依法获准招工或者招聘后，以法定方式或者国家指定的方式向不特定的劳动者公布招工或者招聘简章。简章中应当载明法定必要内容，如职工录用或者聘用条件、录用或者聘用后职工的权利和义务、应招或者应聘人员报名办法、录用或者聘用考核方式等事项。②劳动者自愿报名。劳动者按照招工或者招聘简章的要求，自愿进行应招或者应聘报名，并提交表明本人身份、职业技术、非在职等基本情况的证明文件。③全面考核。用人单位或者代理人依法对应招或者应聘人员的德、智、体状况进行考核，并公布考核结果。④择优录用或者聘用。用人单位对于经考核合格的应招或者应聘者，择优确定被录用或者聘用人员，并向本人发出书面通知；为了便于监督，还应当公布被录用或者聘用者名单。

劳动者主动向用人单位发出求职信息确定劳动合同当事人要经过三个阶段：①劳动者投送求职书。劳动者向用人单位或者其代理人投送求职书，并提交表明本人身份、职业技术、非在职等基本情况的证明文件。②全面考核。用人单位或者代理人依法对应招或者应聘人员的德、智、体状况进行考核。③录用或者聘用。用人单位对于经考核合格的应招或者应聘者，确定是否被录用或者被聘用，并向本人发出书面通知。

（2）劳动合同内容的确定。此阶段要经过4个步骤：①提出劳动合同草案。用人单位向劳动者或者劳动者向用人单位提出拟订的劳动合同草案，并说明各条款的具体内容和依据。②介绍内部劳动规则。用人单位必须详细介绍本单位内部劳动规则。③商定劳动合同内容。用人单位和劳动者对劳动合同条款逐条协商一致，然后以书面形式确定其具体内容。双方可以在劳动合同中作出不同于内部规则某项内容或者指明不受内部劳动规则某项内容约束而对劳动者更有利的约定。④签名盖章。劳动者和用人单位应当在协商一致所形成的劳动合同文本上签名盖章；法律、法规规定要经过鉴证的，应当将劳动合同文本送交鉴证机构进行鉴证。

5. 应当采取什么形式订立劳动合同？其意义何在？

劳动合同最终以书面形式存在，是劳动合同双方当事人合意的表现形式，是劳动合同内容的外部表现，是劳动合同内容的载体，是劳动合同赖以确定和存在的形式。

劳动合同的书面形式是用人单位和劳动者以文字写成书面文件的方式达成的协议，其必须具备下面3个条件。

（1）必须以文字、符号书写。用文字、符号书写的劳动合同内容应当是足以表达清楚劳动合同双方当事人的意思。劳动合同原则上应当用中文书写，也可以同时用外文书写。双方另有约定的，从其约定。

（2）必须有明确的劳动合同当事人。用人单位和劳动者在劳动合同文本上签字或者盖章。

（3）必须是规定劳动合同双方当事人的权利和义务的文字、符号。劳动合同的内容是用人单位和劳动者双方当事人的权利和义务的具体化，双方当事人应当对劳动合同的内容仔细审查，看文字是否清楚，有无歧义，字迹是否清楚等。

订立合同可以采用书面形式，也可以采用口头形式，还可以采用其他形式。对于关系复杂、重要的合同，一般采用书面形式。书面形式订立合同虽然复杂，但是权利和义务记载清楚，便于履行，发生纠纷后易于取证和分清责任。对于即时清结、标的不大、关系简单的合同，一般采用口头形式。劳动合同以书面形式有3个方面的意义。

（1）劳动合同订立时采用书面形式，有助于明确确定用人单位和劳动者的权利和义务，便于当事人正确地按照劳动合同的约定履行劳动合同。

（2）用人单位和劳动者在履行劳动合同过程中发生对劳动合同理解不清楚，或者产生纠纷时，有据可查，避免口说无凭带来的麻烦，可以较好地解决纠纷和维护自身的权益。

（3）方便有关监督管理部门监督检查，对用人单位和劳动者违反劳动合同的行为进行处理，使用人单位和劳动者严格按照劳动合同的约定履行。

6. 用人单位未与劳动者签订劳动合同，认定双方存在劳动关系时可参照哪些凭证？

用人单位未与劳动者签订劳动合同，认定双方存在劳动关系时可参照下列凭证。

（1）工资支付凭证或记录（职工工资发放花名册）、缴纳各项社会保险费的记录。

（2）用人单位向劳动者发放的"工作证"、"服务证"等能够证明身份的证件。

（3）劳动者填写的用人单位招工招聘"登记表"、"报名表"等招用记录。

（4）考勤记录。

（5）其他劳动者的证言等。

7. 用人单位与职工未签订书面劳动合同的，如何确认双方是否存在劳动关系？

用人单位招用劳动者未订立书面劳动合同，但同时具备下列情形的，劳动关系成立。

（1）用人单位和劳动者符合法律、法规规定的主体资格。

（2）用人单位依法制定的各项劳动规章制度适用于劳动者，劳动者受用人单位的劳动管理，从事用人单位安排的有报酬的劳动。

（3）劳动者提供的劳动是用人单位业务的组成部分。

8. 订立劳动合同时，用人单位能否向劳动者收取定金、保证金或扣留居民身份证？

国家法律明令禁止用人单位招用人员时向求职者收取招聘费用，向被录用人员收取保证金或抵押金，扣押被录用人员的身份证等证件。用人单位扣押劳动者居民身份证等证件的，由劳动行政部门责令限期退还劳动者本人，并依照有关法律规定给予处罚。以担保或者其他名义向劳动者收取财物的，由劳动行政部门责令限期退还劳动者本人，并以每人 500 元以上 2 000 元以下的标准处以罚款；给劳动者造成损害的，应当承担赔偿责任。劳动者依法解除或者终止劳动合同，用人单位扣押劳动者档案或者其他物品的，依照前款规定处罚。

9. 劳动合同期限可以有多长？

劳动合同的期限分为有固定期限、无固定期限和以完成一定的工作为期限 3 种。只有根据劳动合同的不同类型才能确立劳动合同的期限。

（1）有固定期限的劳动合同，即在订立合同时就明确约定了期限的劳动合同。其期限可长可短，长则几年、十几年；短则一年或者几个月。

（2）无固定期限的劳动合同，即没有约定终止日期的劳动合同。无固定期限劳动合同只要不出现约定的终止条件或法律规定的解除条件，一般不能解除或终止，劳动关系可以一直存续到劳动者退休为止。

（3）以完成一定工作为期限的劳动合同，是指劳动者与用人单位订立的以完成某项工作或者某项工程为有效期限的劳动合同，该项工作或者工程一经完成，劳动合同即终止。

但从事矿山井下以及在其他有害身体健康的工种、岗位工作的农民工、实行定期轮换制度，合同期限最长不超过 8 年。

10. 什么情况下用人单位应当与劳动者订立无固定期限的劳动合同？

无固定期限的劳动合同的订立可分为 3 类。

（1）协商订立，即用人单位与劳动者协商一致，可以订立无固定期限劳动合同。

（2）应当订立。劳动者在该用人单位连续工作满 10 年的；用人单位初次实行劳动合同制度或者国有企业改制重新订立劳动合同时，劳动者在该用人单位连续工作满 10 年且距法定退休年龄不足 10 年的；连续订立二次固定期限劳动合同，且劳动者没有《中华人民共和国劳动合同法》第三十九条和第四十条第一项、第二项规定的情形，续订劳动合同的。具有上述情形，劳动者提出或者同意续订、订立劳动合同的，除劳动者提出订立固定期限劳动合同外，应当订立无固定期限劳动合同。

（3）视为订立。即用人单位自用工之日起满 1 年不与劳动者订立书面劳动合同的，视为用人单位与劳动者已订立无固定期限劳动合同。

11. 在哪些情形下，用人单位和劳动者可以约定违约金？

根据《中华人民共和国劳动合同法》的规定：除在培训服务期约定及竞业限制约定中，用人单位可与劳动者约定由劳动者承担违约金外，在其他情形下，用人单位不得与劳动者约定由劳动者承担违约金。但为避免实践中部分劳动者故意制造可被解雇的事由"诱使"用人单位解除劳动合同，达到规避服务期约定的目的，《劳动合同法实施条例》规定，因劳动者过错被解除劳动合同的，劳动者应当按照服务期协议的约定向用人单位支付违约金。具体情形包括：劳动者严重违反用人单位的规章制度的；劳动者严重失职，营私舞弊，给用人单位造成重大损害的；劳动者同时与其他用人单位建立劳动关系，对完成本单位的工作任务造成严重影响或者经用人单位提出，拒不改正的；劳动者以欺诈、胁迫的手段或者乘人之危，使用人单位在违背真实意思的情况下订立或者变更劳动合同的；劳动者被依法追究刑事责任的。

12. 何为劳动合同试用期，制定试用期意义何在？

劳动合同试用期，是指包括在劳动合同期限内的，用人单位对劳动者是否合格进行考核，劳动者对用人单位是否适合自己的要求进行了解的期限。劳动合同的试用期是劳动合同的一个条款，不是一个独立的合同，也不是一个独立的期限，其包含于劳动合同期限内。用人单位使用劳动者不与劳动者订立劳动合同，经过一段时间后订立劳动合同，说前面没有订立劳动合同而使用劳动者的期限为试用期的，该说法不能成立。

在劳动合同中约定试用期，可以使劳动合同双方当事人有一个相互了解和考核的时间，在这段时间内，双方当事人相互适应和磨合，相互了解和考察，最后确定是否固定稳定的劳动关系，这有利于构建和谐稳定的劳动关系。劳动合同试用期作为劳动合同期限中一个特殊的时期，对调整劳动合同双方当事人的权利和义务，帮助用人单位以最低的成本争取优秀的劳动者，促进劳动者的风险意识和竞争意识的提高，最终提高劳动者的综合素质和企业的综合竞争能力，都有着极其重要的意义。但是，试用期是劳动合同中的一个约定条款，由劳动合同双方当事人协商一致，自由约定。

13. 劳动合同试用期期限如何确定？

现实中的工作岗位千差万别，难以用统一的标准加以确定。劳动合同的期限长短清楚明白，便于统一，也反映了劳动合同双方当事人对对方的期望，以劳动合同期限的长短不同规定不同的试用期限，方便易行，也符合实际。劳动合同期限长，劳动合同对双方当事人影响较大，劳动合同双方当事人应当有较长的时间进行了解，以了解对方是否适合；劳动合同期限短，劳动合同对双方当事人影响较小，就没有必要约定较长的试用期期限。

一些用人单位偏好和劳动者约定较长的试用期期限，给予劳动者较低的劳动报酬。为了防止用人单位和劳动者约定过长的试用期期限，损害劳动者的利益，依据用人单位和劳动者订立劳动合同期限的不同，将劳动合同试用期的期限分为 3 种。①试用期期限不得超过 1 个月。劳动合同期限 3 个月以上不满 1 年的，试用期不得超过 1 个月。②试用期期限不得超过 2 个月。劳动合同期限一年以上不满 3 年的，试用期不得超过 2 个月。③试用期期限不得超过 6 个月。3 年以上固定期限和无固定期限的劳动合同，试用期不得超过 6 个月。用人单位和劳动者订立劳动合同时约定的试用期期限超过法律的规定，不产生法律效力。

14. 试用期间，劳动者工资如何确定？

为了促进社会财富的创造，保护劳动者的利益，用人单位和劳动者约定的试用期工资不得低于国家的规定。

劳动者在试用期期间的工资不得低于用人单位所在地最低工资标准。最低工资标准，是指国家依法规定的，劳动者在法定时间或者依法签订的劳动合同约定的工作时间内提供了正常劳动的前提下，用人单位在最低限制内应当支付的足以维持劳动者及其平均供养人口基本生活需要的劳动报酬。所谓正常劳动，是指劳动者按依法签订的劳动合同约定，在法定工作时间或者劳动合同约定的工作时间内从事的劳动。劳动者依法享受带薪年休假、探亲假、婚丧假、生育（产）假、节育手术假等国家规定的假期间，以及法定工作时间内依法参加社会活动期间，视为提供了正常劳动。最低工资标准一般采用月最低工资标准和小时最低工资标准的形式。月最低工资标准适用于全日制就业劳动者，小时最低工资标准适用于非全日制就业劳动者。确定和调整月最低工资标准，应当参考当地就业者及其赡养人口的最低生活费用、城镇居民消费价格指数、职工个人缴纳的社会保险费和住房公积金、职工平均工资、经济发展水平、就业状况等因素。确定和调整小时最低工资标准，应当在颁布的月最低工资标准的基础上，同时还应当适当考虑非全日制劳动者在工作稳定性、劳动条件和劳动强度、福利等方面与全日制就业人员之间的差异。最低工资的具体标准由省、自治区和直辖市的人民政府规定。确定最低工资标准可以采用比重法或者恩格尔系数法。所谓比重法，就是根据城镇居民统计调查资料，确定一定比例的最低人均收入户为贫困户，统计出贫困户的人均生活费用支出水平，乘以每一个就业者的赡养系数，再加上一个调整数。所谓恩格尔系数法，就是根据国家营养学会提供的年度标准食物谱及标准食物摄取量，结合标准食物的市场价格，计算出最低食物支出标准，除以恩格尔系数，得出最低生活费用标准，再乘以每一个就业者的赡养系数，再加上一个调整数。最低工资标准是劳动者最基本的生活需要费用，在试用期的劳动者提供正常劳动的情况下，用人单位支付给劳动者的工资在剔除下列各项以后，应当不得低于当地最低工资标准：延长工作时间工资；中班、夜班、高温、低温、井下、有毒有害等特殊工作环境、条件下的津贴；法律、法规和国家规定的劳动者福利待遇等。

劳动合同是用人单位和劳动者在协商一致的基础上订立的，劳动者相信用人单位能提供其需要的劳动条件、劳动保护、劳动报酬等，用人单位也相信劳动者能胜任其提供的劳动岗位或者工作。虽然试用期的劳动者因为初次参加工作或者参加工作后改变了岗位或者工作，其提供的劳动数量和质量和用人单位已经工作一段时间的同岗位或者同工作的其他劳动者相比不会有太大的距离。所以，用人单位在和劳动者约定试用期工资时，不能太低。否则，违背公平、正义原则。为了保护劳动者的利益，劳动者在试用期的工资不得低于本单位同岗位最低档工资或者劳动合同约定工资的80%，具体是多少，由用人单位和劳动者自主约定。

与用人单位订立劳动合同中约定试用期的劳动者都是初次参加工作或者已经参加工作但改变岗位或者工作的人，他们对工作或者岗位还不熟练，刚刚开始工作时，一般达不到用人单位提供工作或者岗位的要求，他们提供的劳动数量和质量与已经在同样工作或者岗位工作过一段时间的劳动者有一定的距离。同工同酬，是指用人单位对于从事相同工作、付出等量劳动且取得相同成果的劳动者，应当给予同等的劳动报酬。初次参加工作或者已经参加工作但改变岗位或者工作的劳动者与已经在相同岗位工作一段时间的劳动者相比，从事了相同工作，付出了等量劳动，但是没有取得相同的成果，对他们可以不实行同工同酬。按劳分配是我国分配制度中的一项重要原则，试用期的劳动者也是劳动者，只不过是处于特殊时期的劳动者，也应适用该原则。即试用期的劳动者提供了多少劳动，就应当给予多少劳动报酬。考虑到在试用期期间，劳动者对工作或者岗位处于摸索阶段，向用人单位提供的劳动数量和质量与试用期结束转为正式工相比有一定的差距，所以，用人单位和劳动者约定的试用期工资可以低于试用期结束后的工资。

15. 何为劳动合同无效？其具有哪些特征？

劳动合同无效是指劳动合同不具备法定的条件，从而全部或者部分不产生法律效力，对用人单位和劳动者没有约束力。劳动合同无效具有四个特征：

（1）劳动合同具有违法性。劳动合同无效或者部分无效，是因为劳动合同不具备法定的条件，从而不产生预期的法律效力。劳动合同不具备法定的条件，就是没有达到法律规定的条件，没有达到法律规定的条件，就是违反了法律的规定。因此，劳动合同无效或者部分无效，就是劳动合同具有违法性，从而不为法律所承认，没有被法律授予其预期的法律效力。

（2）劳动合同自始无效。所谓自始无效，是指劳动合同从订立时起就没有法律约束力，以后也不能转化为有效劳动合同。由于劳动合同不具备法定的条件，因而违反了法律的规定，因此法律不承认劳动合同预期的法律效力。对于已经开始履行的劳动合同，应当通过返还财产、赔偿损失等方式使劳动合同双方当事人回到订立劳动合同前的状态；不能恢复到原状的，给予一定方式的补偿。

（3）劳动合同不具有履行性。用人单位和劳动者订立的劳动合同被确认无效后，双方当事人不得依据劳动合同的约定实际履行，也不承担不履行劳动合同的法律责任。允许用人单位和劳动者履行无效的劳动合同，意味着允许双方当事人实施不法行为。

（4）劳动合同无效具有当然性。劳动合同无效或者部分无效，就是其不具备法定的条件，不管用人单位和劳动者是否主张。

二、劳动合同解除、变更和终止

1. 劳动合同的解除分为哪几种？

劳动合同的解除分为 3 种，即双方协商解除劳动合同、劳动者单方解除劳动合同和用人单位单方解除劳动合同。

2. 在什么情形下，用人单位可以随时解除劳动合同？

用人单位可以随时解除劳动合同主要适用于劳动者有过错的情形，具体包括下列情形。

①在试用期间被证明不符合录用条件的；

②严重违反用人单位的规章制度的；

③严重失职，营私舞弊，给用人单位造成重大损害的；

④劳动者同时与其他用人单位建立劳动关系，对完成本单位的工作任务造成严重影响，或者经用人单位提出，拒不改正的；

⑤以欺诈、胁迫的手段或者乘人之危，使用人单位在违背真实意思的情况下订立或者变更劳动合同致使劳动合同无效的；

⑥被依法追究刑事责任的。

3. 在什么情况下，劳动者可以随时通知解除劳动合同？

劳动者可以随时解除劳动合同主要适用于用人单位有过错的情形，具体包括下列情形。

①未按照劳动合同约定提供劳动保护或者劳动条件的；

②未及时足额支付劳动报酬的；

③未依法为劳动者缴纳社会保险费的；

④用人单位的规章制度违反法律、法规的规定，损害劳动者权益的；

⑤因用人单位以欺诈、胁迫的手段或者乘人之危，使劳动者在违背真实意思的情况下订立或者变更劳动合同，或用人单位免除自己的法定责任、排除劳动者权利，以及劳动合同内容违反法律、行政法规强制性规定，致使劳动合同无效的；

⑥用人单位以暴力、威胁或者非法限制人身自由的手段强迫劳动者劳动的，或者用人单位违章指挥、强令冒险作业危及劳动者人身安全的，劳动者可以立即解除劳动合同，不需事先告知用人单位；

⑦法律、行政法规规定劳动者可以解除劳动合同的其他情形。

4. 试用期内劳动者可以随时提出与单位解除劳动合同吗？

《中华人民共和国劳动合同法》实施前（即 2008 年 1 月 1 日前）劳动者根据《中华人民共和国劳动法》规定可以随时提出与用人单位解除劳动合同，实施后劳动者在试用期内提前 3 日通知用人单位可以解除劳动合同。

5. 哪些情况下劳动合同期满用人单位也不得终止劳动合同？

劳动者有下列情形之一的，用人单位不得依照有关的规定解除劳动合同。

①从事接触职业病危害作业的劳动者未进行离岗前职业健康检查，或者疑似职业病病人在诊断或者医学观察期间的；

②在本单位患职业病或者因工负伤并被确认丧失或者部分丧失劳动能力的；

③患病或者非因工负伤，在规定的医疗期内的；

④女职工在孕期、产期、哺乳期的；

⑤在本单位连续工作满 15 年，且距法定退休年龄不足 5

年的；

⑥法律、行政法规规定的其他情形。

6. 在什么情况下，用人单位在提前 30 日以书面形式通知劳动者本人或者额外支付劳动者 1 个月工资后，可以解除劳动合同？

有下列情形之一的，用人单位提前 30 日以书面形式通知劳动者本人或者额外支付劳动者 1 个月工资后，可以解除劳动合同。

①劳动者患病或者非因工负伤，在规定的医疗期满后不能从事原工作，也不能从事由用人单位另行安排的工作的；

②劳动者不能胜任工作，经过培训或者调整工作岗位，仍不能胜任工作的；

③劳动合同订立时所依据的客观情况发生重大变化，致使劳动合同无法履行，经用人单位与劳动者协商，未能就变更劳动合同内容达成协议的。

7. 终止和解除劳动合同应履行什么手续？

在劳动者履行了有关义务终止、解除劳动合同时，用人单位应当出具终止、解除劳动合同证明书，作为该劳动者按规定享受失业保险待遇和失业登记、求职登记的凭证。证明书应写明劳动合同期限、终止或者解除日期、所担任的工作等。如果劳动者要求，用人单位可在证明书中客观地说明解除劳动合同的原因。除此之外，还应履行其他的一些相关手续，如工资、经济补偿金的结算，工作、业务的交接，档案和社会保险关系的接转，有债权债务关系的也要进行清理。

8. 用人单位可以解除无过错劳动者劳动合同的条件和程序有哪些？

用人单位解除无过错劳动者的劳动合同，是指劳动者虽然没有过错，但可依法解除与劳动者的劳动合同的情形。用人单位对符合《中华人民共和国劳动合同法》第四十条规定条件的劳动者，在提前 30 日书面通知后可依法解除劳动合同。第四十条规定，有下列情形之一的，用人单位提前 30 日以书面形式通知劳动者本人或者额外支付劳动者 1 个月工资后，可以解除劳动合同。

①劳动者患病或者非因工负伤，在规定的医疗期满后不能从事原工作，也不能从事由用人单位另行安排的工作的；

②劳动者不能胜任工作，经过培训或者调整工作岗位，仍不能胜任工作的；

③劳动合同订立时所依据的客观情况发生重大变化，致使劳动合同无法履行，经用人单位与劳动者协商，未能就变更劳动合同内容达成协议的。

9. 用人单位经济性裁员的条件和程序有哪些？

根据《中华人民共和国劳动合同法》第四十一条的规定，经济性裁员是指基于以下原因的裁员。

①依照企业破产法规定进行重整的；

②生产经营发生严重困难的；

③企业转产、重大技术革新或者经营方式调整，经变更劳动合同后，仍需裁减人员的；

④其他因劳动合同订立时所依据的客观经济情况发生重大变化，致使劳动合同无法履行的。

也就是说，用人单位经济性裁员必须满足以上条件，并须优先留用下列人员。

①与本单位订立较长期限的固定期限劳动合同的；

②与本单位订立无固定期限劳动合同的；

③家庭无其他就业人员，有需要扶养的老人或者未成年人的。

用人单位经济性裁员须遵循以下程序：需要裁减人员 20 人以上或者裁减不足 20 人但占企业职工总数 10% 以上的，用人单位提前 30 日向工会或者全体职工说明情况，听取工会或者职工的意见后，裁减人员方案经向劳动行政部门报告，才可以裁减人员。如果用人单位在 6 个月内重新招用人员的，应当通知被裁减的人员，并在同等条件下优先招用被裁减的人员。

10. 劳动合同终止的条件有哪些？

根据《中华人民共和国劳动合同法》第四十四条的规定，劳动合同终止的法定条件有：

①劳动合同期满；

②劳动者开始依法享受基本养老保险待遇；

③劳动者死亡，或者被人民法院宣告死亡或者宣告失踪；

④用人单位被依法宣告破产；

⑤用人单位被吊销营业执照、责令关闭、撤销或者用人单位决定提前解散；

⑥法律、行政法规规定的其他情形。需要注意的是，根据《中华人民共和国劳动合同法实施条例》第十三条的规定，用人单位与劳动者不得在劳动合同法第四十四条规定的劳动合同终止情形之外约定其他的劳动合同终止条件。

11. 劳动合同期满是否必然导致劳动合同终止？

《中华人民共和国劳动合同法》第四十五条规定："劳动合同期满，有本法第四十二条规定情形之一的，劳动合同应当续延至相应的情形消失时终止。但是，本法第四十二条第二项规定丧失或者部分丧失劳动能力劳动者的劳动合同的终止，按照国家有关工伤保险的规定执行。"因此，一般情况下劳动合同期满劳动合同即终止，但是法律有规定的除外，也就是说劳动合同期满不会必然导致劳动合同终止。劳动合同期满后有下列情形之一的，劳动合同应当续延至相应的情形消失时终止。

①从事接触职业病危害作业的劳动者未进行离岗前职业健康检查，或者疑似职业病病人在诊断或者医学观察期间的；

②在本单位患职业病或者因工负伤并被确认丧失或者部分丧失劳动能力的；

③患病或者非因工负伤，在规定的医疗期内的；

④女职工在孕期、产期、哺乳期的；

⑤在本单位连续工作满 15 年，且距法定退休年龄不足 5 年的；

⑥法律、行政法规规定的其他情形。

但是，在本单位患职业病，或者因工负伤并被确认丧失或者部分丧失劳动能力的劳动者的劳动合同终止，应按照国家有关工作保险的规定执行。

12. 用人单位或者劳务派遣单位应当向劳动者支付经济补偿的条件有哪些？

根据《中华人民共和国劳动合同法》第四十六条以及《中华人民共和国劳动合同法实施条例》第三十一条的规定，有下列情形之一的，用人单位或者劳务派遣单位应当向劳动者支付经济补偿。

（1）劳动者依法解除劳动合同的。即用人单位有下列情形之一的，劳动者可以解除劳动合同：①未按照劳动合同约定提供劳动保护或者劳动条件的；②未及时足额支付劳动报酬的；③未依法为劳动者缴纳社会保险费的；④用人单位的规章制度违反法律、法规的规定，损害劳动者权益的；⑤因用人单位以欺诈、胁迫的手段或者乘人之危，使劳动者在违背真实意思的情况下订立或者变更劳动合同的，或者用人单位免除自己的法定责任、排除劳动者权利的；⑥用人单位以暴力、威胁或者非法限制人身自由的手段强迫劳动者劳动的，或者用人单位违章指挥、强令冒险作业危及劳动者人身安全的，劳动者可以立即解除劳动合同，不需事先告知用人单位。⑦法律、行政法规规定劳动者可以解除劳动合同的其他情形。

（2）用人单位向劳动者提出解除劳动合同并与劳动者协商一致解除劳动合同的。

（3）用人单位非过失性辞退劳动者的。即有下列情形之一的，用人单位提前30日以书面形式通知劳动者本人或者额外支付劳动者1个月工资后，可以解除劳动合同：①劳动者患病或者非因工负伤，在规定的医疗期满后不能从事原工作，也不能从事由用人单位另行安排的工作的；②劳动者不能胜任工作，经过培训或者调整工作岗位，仍不能胜任工作的；③劳动合同订立时所依据的客观情况发生重大变化，致使劳动合同无法履行，经用人单位与劳动者协商，未能就变更劳动合同内容达成协议的。

（4）用人单位依法裁员的。即有下列情形之一，需要裁减人员20人以上或者裁减不足20人但占企业职工总数10%以上的，用人单位提前30日向工会或者全体职工说明情况，听取工会或者职工的意见后，裁减人员方案经向劳动行政部门报告，可以裁减人员：①依照企业破产法规定进行重整的；②生产经营发生严重困难的；③企业转产、重大技术革新或者经营方式调整，经变更劳动合同后，仍需裁减人员的；④其他因劳动合同订立时所依据的客观经济情况发生重大变化，致使劳动合同无法履行的。裁减人员时，应当优先留用下列人员：一是与本单位订立较长期限的固定期限劳动合同的；二是与本单位订立无固定期限劳动合同的；三是家庭无其他就业人员，有需要扶养的老人或者未成年人的。

（5）劳动合同到期终止的。但是，劳动合同到期后，用人单位维持或者提高劳动合同约定条件续订合同，劳动者不同意续订的除外。

（6）特殊情形下用人单位停止经营而导致劳动合同终止的。即用人单位被依法宣告破产，或者用人单位被吊销营业执照、责令关闭、撤销或者用人单位决定提前解散的。

（7）法律、行政法规规定的其他情形。

根据《中华人民共和国劳动合同法实施条例》第十二条，地方各级人民政府及县级以上地方人民政府有关部门为安置就业困难人员提供的给予岗位补贴和社会保险补贴的公益性岗位，其劳动合同不适用劳动合同法有关无固定期限劳动合同的规定，以及支付经济补偿的规定。

三、全日制用工和劳务派遣

1. 何为非全日制用工？其具有哪些特点？

非全日制用工是灵活就业的一种重要形式，在非全日制就业中的人员占灵活就业所有人员的 2/3 以上，主要分布在餐饮、超市、社区服务等领域。非全日制用工是指以小时计酬为主，劳动者在同一用人单位一般平均每日工作时间不超过 4 小时，每周工作时间累计不超过 24 小时的用工形式。从劳动者的角度看，非全日制用工就是非全日制就业。

非全日制用工具有几下几个特点。

（1）非全日制用工是以小时计酬为主。计量劳动和支付工资的方式主要有计时工资和计件工资两种形式。计时工资是指按照单位时间工资率和工作时间支付给劳动者个人的劳动报酬。计时工资标准一般分为月工资标准、日工资标准和小时工资标准。计件工资是指在一定技术条件下，根据职工完成的合格产品数量或者工作量，按计件单价支付的劳动报酬。非全日制用工不以计件工资作为计酬方式，而是以计时工资作为计酬方式，并且是以小时工资标准作为主要计酬方式。

（2）劳动者在同一用人单位一般平均每日工作时间不超过 4 小时。为了保护劳动者的身体健康，保障劳动者的休息权，提高劳动效率，法律规定劳动者日工作时间最长不得超过 8 小时，实行综合计算工时工作制的用人单位，劳动者平均日工作时间不得超过 8 小时。特殊岗位或者特殊情况下，可以相应地延长或者缩短。非全日制用工的劳动者在同一用人单位每日的工作时间不得超过 8 小时，具体时间没有限制，但是，平均每日工作时间不超过 4 小时。如果劳动者在同一用人单位工作的时间平均每日超过

4小时，则不属于非全日制用工。

（3）劳动者在同一用人单位每周工作时间累计不超过24小时。法律规定劳动者每周工作时间不得超过40小时，非全日制用工的劳动者每周的工作时间也不得超过40小时，而且劳动者在同一用人单位平均每周工作时间累计不得超过24小时，超过24小时，不属于非全日制用工。

2. 非全日制用工与全日制用工相比具有如下哪些优缺点。

非全日制用工与全日制用工相比具有如下鲜明的特点。

（1）用工灵活。非全日制用工随时招聘，随时解聘，在时间上也可以长，也可以短，对于用人单位来说，非全日制用工与全日制用工相比，灵活方便。

（2）用工范围广泛。非全日制用工由于用工方式灵活，其用工范围也十分广泛，在各行各业都可以适用。

（3）就业不稳定。就是因为非全日制用工随时招聘，随时解聘，对劳动者来说，工作不很稳定，随时面临失业。

（4）收入不稳定。非全日制用工的劳动者工作不稳定，其收入也不稳定，有工作时，有收入，没有工作时没有收入。

3. 非全日制用工的劳动合同应当采取什么形式？

非全日制用工订立劳动合同可以采用书面形式，也可以采用口头协议形式，还可以采用其他形式。对于关系复杂、重要的合同，一般采用书面形式。书面形式订立合同虽然复杂，但是，权利和义务记载清楚，便于履行，发生纠纷后易于取证和分清责任。对于即时清结、标的不大、关系简单的合同，一般采用口头协议形式。但是，口头形式的合同不易分清责任，发生纠纷时难以取证。为了明确确定用人单位和劳动者的权利和义务，便于当事人正确地按照劳动合同的约定履行劳动合同；避免在履行劳动合同过程中发生对劳动合同理解不清楚，或者产生纠纷时，口说无凭带来的麻烦，方便有关监督管理部门监督检查，对用人单位和劳动者违反劳动合同的行为进行处理，使用人单位和劳动者严格按照劳动合同的约定履行，劳动合同应当采用书面形式订立。非全日制用工建立劳动关系，也应当订立劳动合同。但是，非全日制用工和全日制用工相比，用人单位和劳动者的关系相对简单，过分强调订立劳动合同采用书面形式，不一定有利于保护劳动者的利益，反而会因为订立劳动合同程序繁琐，与非全日制用工的灵活性相悖，给劳动者的就业带来困难。因此，应当允许非全日制用工可以订立口头协议。用人单位和劳动者建立非全日制劳动关系订立劳动合同，可以采用书面形式，也可以采用口头协议形式，具体选择何种方式，由用人单位和劳动者双方当事人自己选择。用人单位和非全日制用工的劳动者订立劳动合同不管是书面形式，还是口头协议形式，都可以就劳动报酬、工作内容、工作地点、工作时间、休息休假、社会保险、劳动保护、劳动条件等事项作出约定。用人单位和劳动者就保守商业秘密作出约定，应当遵守相应的法律规定。

4. 非全日制用工能兼职吗？

从时间的角度看，非全日制用工的劳动者在同一个用人单位平均每日工作时间不超过 4 小时，每周工作时间累计不超过 24 小时，而全日制劳动者平均每日工作时间不超过 8 小时，每周工作时间不超过 40 小时，因此，非全日制用工劳动者取得的收入低于全日制用工劳动者取得的收入。这使非全日制用工劳动者产生从事两个或者两个以上工作，弥补工作收入低的状况的愿望。

从法规的角度看，由于非全日制用工的劳动者平均每日工作时间不超过 4 小时，每周工作时间不超过 24 小时，没有超过每日工作不超过 8 小时，每周工作时间不超过 40 小时的国家规定，他们拥有可供调剂的工作时间与其他用人单位建立劳动关系。因此，非全日制用工的劳动者可以与一个或者一个以上用人单位建立劳动关系，订立劳动合同。但是，为了保护已经订立劳动合同的用人单位的利益，非全日制用工的劳动者在已经订立了劳动合同的情况下，与后来的用人单位订立的劳动合同不得影响先订立的劳动合同的履行。如果几个劳动合同之间有冲突，应当解除以前的劳动合同或者不得订立新的劳动合同。

5. 非全日制用工怎样解除劳动关系？报酬如何支付？

非全日制用工双方当事人任何一方都可以随时通知对方终止用工。终止用工，用人单位不向劳动者支付经济补偿。

非全日制用工小时计酬标准不得低于用人单位所在地人民政府规定的最低小时工资标准。非全日制用工劳动报酬结算支付周期最长不得超过 15 日。

四、集体合同

1. 什么是集体合同

集体合同，是指用人单位与本单位职工根据法律、法规、规章的规定，就劳动报酬、工作时间、休息休假、劳动安全卫生、保险福利等事项，通过集体协商签订的书面协议。

2. 集体合同具有哪些特征？

集体合同具有如下特征。

（1）集体合同的主体是企业职工工会或者职工代表与用人单位。集体合同由企业工会代表企业职工一方与用人单位签订；没有建立工会的用人单位，由上级工会指导劳动者推举职工代表与用人单位签订集体合同。企业工会和职工代表作为集体合同的一方当事人，必须代表企业职工一方的意志和利益，依法为企业职工争取权益。用人单位作为集体合同的另一方当事人，从维护企业的整体利益出发，与工会或者职工代表在平等的法律地位上，通过协商，订立集体合同，维护和谐稳定的企业劳动关系。

（2）集体合同的内容侧重于规定保护企业职工的权益。集体合同以集体劳动关系中全体劳动者的共同权利和义务为内容，其可能涉及劳动关系的各个方面，也可能只涉及劳动关系的某个方面，但是不管怎样，集体合同的内容主要是规定劳动者的劳动报酬、工作时间、休息休假、劳动安全卫生、职业培训、保险福利等劳动条件和生活条件，保护劳动者的合法权益。

（3）集体合同的订立必须经过双方协商谈判。集体合同是用人单位与职工工会或者职工代表根据法律、法规、规章的规定，就劳动报酬、工作时间、休息休假、劳动安全卫生、职业培训、保险福利等事项，通过协商方式签订的书面协议。因此，集体合同签订双方必须要经过协商谈判这一过程。

（4）集体合同必须达成合同书形式的书面协议。集体合同主要就劳动者的劳动报酬、工作时间、休息休假、劳动安全卫生、职业培训、保险福利等劳动条件和生活条件作出规定，涉及劳动者的切身利益，因此，集体合同必须采取合同书形式订立，不能采取信件、数据电文（包括电报、电传、传真、电子数据交换和电子邮件）等其他书面形式订立，更不能采取口头形式和其他形式订立。

（5）集体合同具有劳动基准法的效力。集体合同的内容主要是劳动者的劳动报酬、工作时间、休息休假、劳动安全卫生、职业培训、保险福利等劳动条件和生活条件，这多为劳动基准法规定的内容。法律、法规规定，劳动者与用人单位订立的劳动合同中劳动条件和劳动报酬等标准不得低于集体合同的规定。《中华人民共和国劳动合同法》同时规定，集体合同一经依法订立，就对全体职工和用人单位具有约束力。因此，集体合同具有用人单位基准法的效力。

（6）订立集体合同的目的是规定用人单位的一般劳动条件和生活条件。劳动者与用人单位具有从属性，劳动者在用人单位面前是弱势者。由职工的工会或者上级工会指导推举的职工代表与用人单位协商谈判，订立集体合同，规定用人单位的一般劳动条件和生活条件，能防止用人单位利用其强势地位侵害劳动者的利益。

3. 集体合同包括哪些内容?

集体合同的内容主要包括用人单位的劳动条件和生活条件,事实上就是劳动者权益的体现。主要包括以下几点具体内容。

(1) 劳动报酬。主要包括用人单位工资水平、工资分配制度、工资标准和工资分配形式,工资支付办法,加班加点工资及津贴、补贴标准和奖金分配办法,工资调整办法,试用期及病事假等期间的工资待遇,特殊情况下职工工资及生活费的支付办法,其他劳动报酬分配办法。

(2) 工作时间。主要包括工时制度,加班加点制度,特殊工种的工作时间,劳动定额标准。

(3) 休息休假。主要包括日休息时间和周休息时间安排,年休假办法,不能实行标准工时职工的休息休假,其他假期。

(4) 劳动安全卫生。主要包括劳动卫生责任制,劳动条件和安全技术措施,安全操作规程,劳保用品发放标准,定期健康检查和职业健康体检。

(5) 补充保险和福利。主要包括补充保险的种类、范围,基本福利制度和福利设施,医疗期延长及其待遇,职工亲属福利制度。

(6) 女职工和未成年工的特殊保护。主要包括女职工和未成年工禁忌从事的劳动,女职工的经期、孕期和哺乳期的劳动保护,女职工、未成年工定期健康检查,未成年工的使用和登记制度。

(7) 职业技能培训。主要包括职业技能培训项目规划及年度计划,职业技能培训费用的提取和使用,保障和改善职业技能培训的措施。

(8) 劳动合同管理。主要包括劳动合同签订时间,确定劳动合同期限的条件,劳动合同变更、解除、续订的一般原则及无固定期限劳动合同的终止条件,试用期的条件和期限。

(9) 奖惩。主要包括劳动纪律,考核奖惩制度,奖惩程序。

（10）裁员。主要包括裁员的方案，裁员的程序，裁员的实施办法和补偿标准。

4. 怎么签订集体合同？

签订集体合同要经过以下步骤。

（1）确定集体协商代表。集体协商是指集体合同签订双方的代表为了集体合同进行商谈的行为。双方的代表人数应当对等，每方至少3人，并各确定一名首席代表。劳动者的首席代表由工会主席担任，工会主席也可以书面委托其他代表代理首席代表。工会主席空缺的，首席代表由工会主要负责人担任。没有建立工会的，由上级工会指导劳动者从协商的代表中民主推举产生。用人单位的协商代表由用人单位法定代表人指派，首席代表由法定代表人或者由其委托的其他管理人员担任。用人单位协商代表和劳动者的协商代表不得相互兼任。双方代表履行下列职责：参加集体协商；接受本方人员质询并及时向本方人员公布协商情况和征求意见；提供与集体协商有关的情况和资料；代表本方参加集体协商争议的处理；监督集体合同的履行；法律、法规和规章规定的其他职责。

（2）集体协商，拟订集体合同草案。协商任何一方均可以就签订集体合同以及相关事宜，以书面形式向对方提出进行集体协商的要求。一方提出要求的，另一方应当在收到该要求之日起20日内以书面形式给予回应，无正当理由不得拒绝集体协商。集体协商主要采取协商会议的形式进行。协商会议由双方首席代表轮流主持。具体程序是：第一，宣布议程和会议纪律；第二，一方首席代表提出协商具体内容和要求，另一方首席代表作出回应；第三，双方就商谈事项发表各自的意见，展开充分讨论；第四，双方首席代表归纳意见。达成一致的应当形成集体合同草案，由双方首席代表签字。没有达成一致意见或者出现事先没有预料的问题的，经双方协商，可以中止协商。中止期限及下次协商时间、地点、内容由双方商定。

（3）职工代表大会或者全体职工讨论通过。集体合同是由劳动者的代表与用人单位签订的，集体合同必须体现广大职工的意志和利益。同时，只有让劳动者了解熟悉集体合同的基本内容，才便于集体合同的履行。所以，集体合同要经职工代表大会或者全体职工讨论通过。经双方协商一致的集体合同草案应当提交职工代表大会或者全体职工讨论。职工代表大会或者全体职工讨论草案，应当有 2/3 以上职工代表或者职工出席。并必须经全体职工代表或者职工半数以上同意，草案方能通过。

（4）签署集体合同。集体合同草案经职工代表大会或者全体职工讨论通过后，由集体协商双方首席代表签字，然后报送劳动行政部门审查备案。

5. 如何理解集体合同的生效？

集体合同生效是指集体合同成立，发生法律效力。劳动行政部门在收到用人单位报送的集体合同及相关材料后，在 15 日内没有对集体合同提出异议的，集体合同自第 16 日起自行生效；劳动行政部门在收到集体合同及其相关材料后 15 日内将《集体合同审查意见书》送达集体合同签约双方的，集体合同的生效日期为《集体合同审查意见书》确认生效的日期。

6. 怎样理解集体合同的效力？

集体合同的效力是指集体合同在什么时间、对什么人、在什么空间具有约束力。除了法律法规另有规定外，集体合同在什么时间、对什么人、在什么空间具有约束力，由集体合同依法规定。集体合同是由劳动者的代表和用人单位签订的，所以，对用人单位、工会及其被代表的劳动者都具有约束力，他们都应当依据集体合同的规定履行规定的义务。

7. 集体合同怎么变更、解除、终止？

集体合同的变更是指集体合同生效以后，在履行完毕之前，由于主观或者客观情况发生变化，当事人依照法律规定的条件和程序变动合同中的某些条款。集体合同变更的条件为：第一，双方协商一致。即一方提出变更集体合同的建议，另外一方应当给予答复，并在 7 日内双方进行协商。经与另外一方当事人协商，并取得一致意见，即可以变更集体合同。变更后的集体合同的内容不得违背国家法律法规的规定。第二，签订集体合同的环境和条件发生了变化，致使合同难以履行。集体合同变更后，应当在 7 日内报送劳动行政部门审查。

集体合同的解除是指集体合同生效以后，没有履行完毕之前，由于主观或者客观情况发生变化，当事人依照法律法规规定的条件和程序，提前终止集体合同的行为。集体合同解除的条件为：第一，双方协商一致。即一方提出解除集体合同的建议，另外一方应当给予答复，并在 7 日内双方进行协商。经与另外一方当事人协商，并取得一致意见，即可以解除集体合同。第二，签订集体合同的环境和条件发生了变化，致使合同难以履行。集体合同解除后，应当在 7 日内向审核该集体合同的劳动行政部门提交书面说明。

集体合同的终止是指由于某种法律事实的发生导致集体合同所确立的法律关系消灭。集体合同终止的原因有：第一，合同期限届满。集体合同的期限为 1～3 年，具体期限从集体合同的约定。如果集体合同中没有明确规定具体期限，一般认为期限为 1 年。期限届满，集体合同即行终止。第二，目的实现。集体合同所规定的义务完全获得履行，说明集合同的目的已经实现，集体合同终止。第三，集体合同解除。集体合同可以由双方依法解除，也可以因履行中发生争议并申请仲裁或者提起诉讼，仲裁机构或者人民法院依法作出解除集体合同的裁决或者判决，集体合同解除。集体合同解除的，集体合同终止。

8. 怎样订立集体合同中劳动条件和劳动报酬等标准？

为了防止用人单位随意剥夺劳动者完成劳动和维持生活的基本需要，侵害劳动者的利益，用人单位所在地的人民政府规定用人单位提供的劳动条件和劳动报酬等标准的最低限度。

当地人民政府制定的最低劳动条件和劳动报酬标准等，一般是以法规、规章的形式出现，对于企业和劳动者具有普遍的约束作用。按此标准进行保护只是法律所要求的最低水平，而立法意图并不是希望对劳动者利益的保护只是停留在最低水平上。通过集体合同，可以对劳动者利益作出高于法定最低标准的约定，从而使劳动者利益保护的实际水平能够高于法定最低标准。集体合同中的劳动条件和劳动报酬标准等不得低于当地法规、规章规定的标准，这里有两种情况：一是集体合同订立之初，劳动条件和劳动报酬标准等低于当地人民政府制定的最低标准的，在报送劳动行政部门审查的时候就会提出异议，从而无法生效。二是集体合同生效以后，当地人民政府制定的最低劳动条件和劳动报酬标准提高的，高于集体合同约定标准的，集体合同中的相关标准应当变更、予以提高，否则也确认为无效。低于最低工资标准向劳动者支付工资的，违反了《中华人民共和国劳动法》和《中华人民共和国劳动合同法》的规定，应当按照劳动合同法的相关规定追究其法律责任。

9. 集体合同中劳动条件和劳动报酬等标准的效力怎样？

集体合同是职工工会或者职工代表代表广大劳动者与用人单位根据法律、法规、规章的规定进行协商，并经过职工代表大会或者全体职工讨论通过的，体现了用人单位广大劳动者的意志，代表了用人单位广大劳动者的利益。集体合同一旦订立，对集体合同订立当事人和用人单位的广大职工具有普遍的约束力，他们都必须遵守集体合同的约定，不得违背。因此，用人单位与劳动者订立的劳动合同不得低于集体合同规定的劳动条件和劳动报酬等标准。如果劳动合同是在集体合同前面订立，劳动合同中约定的劳动条件和劳动报酬等标准低于集体合同规定的标准，在集体合同生效后，用人单位和劳动者应当变更劳动合同中相应的条款。如果用人单位拒绝变更劳动合同中相应的条款，劳动合同中相应的条款不产生法律效力，依据集体合同中相应的规定确定劳动合同约定的标准。

10. 如何履行集体合同?

履行集体合同,应当坚持实际履行、适当履行和协作履行的原则。

(1) 实际履行原则。集体合同实际履行原则,是指除法律和集体合同另有规定或者客观上已经不能履行集体合同外,对集体合同负有履行义务的人,应当按照集体合同的约定完成义务,不能用完成另外义务来代替约定的义务。履行集体合同时,一方违约,另外一方不能以其他方式代替履行,对方要求继续履行,仍应继续履行完成集体合同约定的义务。但是,如果义务人延迟履行集体合同约定的义务,享有权利的一方对原来约定的义务人的履行失去了需要,或者继续履行会对用人单位带来不必要的损失,就不应当再强调实际履行。

(2) 适当履行原则。集体合同适当履行原则,是指对集体合同履行负有义务的人除按照集体合同约定履行义务外,还要按照集体合同约定的时间、地点、履行方式以及设备、设施的数量及质量等要求承担义务。第一,履行主体正确。集体合同约定什么义务由什么人履行,必须由此人履行,不能由其他人来履行。第二,履行时间正确。集体合同约定在什么时间履行义务的,应当按照集体合同约定的时间履行,不得提前履行或者延迟履行。法律、法规规定在不损害当事人利益的条件下,可以提前履行的,也可以提前履行。第三,履行地点正确。集体合同约定在什么地点履行义务的,应当按照集体合同约定的地点履行,不得在其他地方履行。集体合同履行地点错误会使一方的权利得不到实现,从而损害他方的利益。第四,履行方式正确。集体合同约定用什么方式履行义务的,就应当按照集体合同约定的方式履行集体合同的约定,不得变更履行的方式。方式的变更会致使履行落空,导致权利人利益受损。集体合同适当履行原则是对实际履行原则的补充和发展,主要在于指导和督促集体合同履行义务人全面彻底地完成合同规定的义务。

（3）协作履行原则。集体合同协作履行原则，是指集体合同履行义务人双方团结协作，相互帮助完成集体合同规定的义务。集体合同履行义务人履行集体合同约定的义务，权利人的权利才能实现，只有权利人和义务人在履行集体合同约定义务时团结协作，相互帮助，义务才能更好地履行，权利才能更好地实现。集体合同的协作履行是集体合同实际履行和适当履行的重要保证。因此，一方当事人履行集体合同约定的义务时，其他方应当积极配合履行者履行义务。具体要求是：第一，为集体合同履行义务者积极创造履行义务的条件；第二，相互支持，相互督促，发现问题及时协商解决；第三，遇到困难，尽力给予帮助；第四，没有履行或者没有适当履行合同规定的义务，应当尽快提出，协助纠正；第五，因履行集体合同发生争议，都应当从大局出发，根据法律、法规和集体合同的约定及时协商解决。

第四章 劳动安全卫生保护

一、工作时间和休假时间

1. 我国法律对工作时间是怎样定义和规定的？

工作时间是指工作过程中所消耗的时间。《中华人民共和国劳动法》对工作时间作了明确的规定。

工作时间作为劳动的存在方式，是消耗劳动的时间，是劳动的自然尺度。工作时间是衡量每个劳动者的劳动贡献和付给报酬的计算单位。工作时间作为法律范畴，不仅包括劳动者实际完成一定工作的时间，也包括劳动者从事生产或工作的准备和在一定条件下的结束时间，即为实现《中华人民共和国劳动法》的其他目的所需要的时间，如女工哺乳时间以及连续从事有害健康工作所需要的间歇时间等。因此，从法律意义上说，工作时间是指劳动者依法在其工作单位（企业、事业、机关、团体等）必须用来完成其应完成的工作任务所需要的时间以及法律规定的其他视为工作时间的时间。由于劳动者所从事的工作性质各异，各自分工有别，因而从事不同的工作所需要的工作时间并非完全相同。

工作时间有以下几种类型。

（1）标准工作时间。标准工作时间是指由国家法律规定的，在通常情况下一般劳动者从事工作所需要的时间。《中华人民共和国劳动法》第三十六条对标准工作时间的规定："国家实行劳动者每日工作时间不超过 8 小时、平均每周工作时间不超过 44 小时的工时制度。"1995 年 3 月 25 日，《国务院关于职工工作时间的规定》规定为："职工每日工作 8 小时，每周工作 40 小时。"从 1995 年 5 月 1 日起，我国普遍实行了每周工作 5 日、每日工作 8 小时的工时制度，这一规定是符合中国国情的，适合于中国当前经济发展水平。

（2）特殊劳动条件下缩短工作时间。我国对于从事特殊职业的劳动者或特定的劳动群体等从立法上规定其工作时间短于标准工作时间。立法目的是基于保护劳动者身心健康。常见的特殊劳动条件下缩短工作时间的工种类型：①从事矿山、井下，有毒、有害等职业；②从事晚间作业的工作；③法律规定的妇女哺乳期间所从事的工作；④在一定条件下，对未满 18 周岁的未成年人依法所从事的工作。我国 1994 年 2 月由国务院发布并于 1995 年 3 月修订的《国务院关于职工工作时间的规定》第四条规定："在特殊条件下从事劳动和有特殊情况，需要缩短工作时间的，按照国家有关规定执行。"此外，原劳动部〔1995〕143 号《〈国务院关于职工工作时间的规定〉的实施办法》第四条规定："在特殊条件下从事劳动和有特殊情况，需要在每周工作 40 小时的基础上再适当缩短工作时间的，应在保证完成生产和工作任务的前提下，根据《中华人民共和国劳动法》第三十六条的规定，由企业根据实际情况决定。"换言之，我国企业可依法根据企业实际情况自行决定是否缩短工作时间。

（3）计件工作时间。计件工作时间是指劳动者按约完成一定劳动定额为标准的工作时间。通常实行计件工作的用人单位，以劳动者在一个标准工作日或一个工作周的工作时间内能够完成的计件数量为标准，确定劳动者日或周的劳动定额。对于计件工作时间，《中华人民共和国劳动法》第三十七条规定："对实行计件工作的劳动者，用人单位应当根据本法第三十六条规定的工时制度合理确定其劳动定额和计件报酬标准。"另外，原劳动部〔1994〕289 号《关于〈劳动法〉若干条文的说明》第三十七条对《中华人民共和国劳动法》第三十七条的规定解释："本条应理解为：①对于实行计件工资的用人单位，在实行新的工时制度下，应既能保证劳动者享受缩短工时的待遇，又尽量保证劳动者的计件工资的收入不减少；②如果适当调整劳动定额，在保证劳动者计件工资收入不降低的前提下，计件单价可以不作调整；如果调整劳动定额有困难，就应该考虑适当调整劳动计件单价，以保证收入不减少。"

2. 怎样计算计件工作职工的工时？

根据《中华人民共和国劳动法》规定，计件工作日应有合理的劳动定额和计件报酬标准。而合理的劳动定额，应当以职工在一个标准工作日（每日工作时间不超过 8 小时）或标准工作周（每周工作时间不超过 40 小时）的工作时间内能够完成的计件数量为标准，超过这个标准就等于延长了工作日时间，侵犯了职工的休息权。从这个意义上说，合理确定计件劳动定额是实行计件工作日的关键。

3. 我国法律对职工的休息时间有何规定？

根据《中华人民共和国劳动法》和其他有关法律、法规，劳动者享有的休息时间主要包括工作日的间歇时间、每周公休假日、法定节假日、年休假等。

（1）工作日内的间歇休息时间。工作日内的间歇休息时间是指劳动者在工作日内享有的工作期间休息时间。工作日内的间歇休息时间由企业、单位根据生产经营实际情况而决定，一般每工作 4 小时，劳动者休息的时间为 1~2 小时，最低不得少于半小时。

（2）工作日间的休息时间。工作日间的休息时间是指劳动者在一个工作日结束后至下一个工作日开始时的休息时间。工作日间的休息时间应以保证劳动者的体力和工作能力能够恢复为标准。我国法律虽然没有明文规定工作日间的休息时间，但《中华人民共和国劳动法》第三十六条规定，国家实行劳动者每日工作时间不超过 8 小时、平均每周工作时间不超过 44 小时的工时制度。所以，工作日休息时间一般应不少于 16 小时。对于工作日间的休息时间，无特殊原因应保障劳动者连续享用并不得随意间断。实行轮换制的企业，其班次必须平均轮换，不得使职工连续工作两班。

（3）公休假日。公休假日，又称"周休息日"，是指劳动者工作满一个工作周之后的休假时间。通常企业（单位）应安排在星期六、星期日休息，对于有些单位因生产经营的特殊情况，可根据实际需要安排劳动者在周内的其他时间补休。《中华人民共和国劳动法》第三十八条规定，用人单位应当保证劳动者每周至少休息一日。《国务院关于职工工作时间的规定》规定：国家机关、事业单位实行统一的工作时间，星期六和星期日为周休息日。企业因生产特点不能实行的，经劳动行政部门批准，可以实行其他工作和休息办法。出差人员的周休假日可以在出差地享用。如果出差期间未能享用的，可从实际情况出发给予补休。对于从事有害有毒工作的职工，可以给予更多的休息时间。

4. 对于法定节假日，我国法律有哪些规定？

法定节假日是指法律规定劳动者用于开展纪念、庆祝活动的休息时间。

关于我国法定节假日有最新规定：用人单位在下列节日期间应依法安排劳动者休假。

（1）元旦放假 1 日（1 月 1 日）；

（2）春节放假 3 日（农历除夕、正月初一、初二）；

（3）国际劳动节放假 1 日（5 月 1 日）；

（4）国庆节放假 3 日（10 月 1 日、2 日、3 日）；清明、端午、中秋各放假 1 日；

（5）法律、法规规定的其他休假日。上述假日适逢公休假日应当在工作日内补假。

属于部分劳动者的法定节假日：

（1）三八妇女节（限于妇女劳动者），3 月 8 日放假半天；

（2）青年节（限于14周岁以上的青年），5月4日放假半天等。上述假日适逢公休假日不补假。少数民族习惯性节日，由各少数民族聚居地区的地方人民政府，按照各民族习惯，规定放假半天，如藏族的藏历年，伊斯兰教的开斋节等，也属于法定的休假日。

其他节日如二七纪念日、七七抗战纪念日、教师节、护士节、植树节等节日纪念日，均不放假。

5. 哪些企业的职工可实行不定时工作制？

劳动部1994年12月14日发布的《关于企业实行不定时工作制和综合计算工时工作制的审批办法》规定：企业对符合下列条件之一的职工，可以实行不定时工作制。

（1）企业中的高级管理人员、外勤人员、推销人员、部分值班人员和其他因工作无法按标准工作时间衡量的职工。

（2）企业中的长途运输人员、出租汽车司机和铁路、港口、仓库的部分装卸人员以及因工作性质特殊，需机动作业的职工。

（3）其他因生产特点、工作特殊需要或职责范围的关系，适合实行不定时工作制的职工。

6. 企业的职工可实行综合计时工作制？

综合计算工时工作制是针对因工作性质特殊、需连续作业或受季节及自然条件限制的企业的部分职工，采用的以周、月、季、年等为周期综合计算工作时间的一种工时制度，但其平均日工作时间和平均周工作时间应与法定标准工作时间基本相同。主要是指：交通、铁路、邮电、水运、航空、渔业等行业中因工作性质特殊，需要连续作业的职工；地质、石油及资源勘探、建筑、制盐、制糖、旅游等受季节和自然条件限制的行业的部分职工；亦工亦农或由于受能源、原材料供应等条件限制难以均衡生产的乡镇企业的职工等。另外，对于那些在市场竞争中，由于外界因素影响，生产任务不均衡的企业的部分职工也可以参照综合计算工时工作制的办法实施。

对于因工作性质或生产特点的限制，实行不定时工作制或综合计算工时工作制等其他工作和休息办法的职工，企业应根据《中华人民共和国劳动法》和《国务院关于职工工作时间的规定》的有关条款，在保障职工身体健康并充分听取职工意见的基础上，采取集中工作、集中休息、轮休调休、弹性工作时间等适当的工作和休息方式，确保职工的休息休假权利和生产、工作任务的完成。同时，各企业主管部门也应积极创造条件，尽可能使企业的生产任务均衡合理，帮助企业解决贯彻《国务院关于职工工作时间的规定》中的实际问题。

7. 企业安排职工加班加点应符合哪些条件和规定？

《中华人民共和国劳动法》对延长工时有明确的限制性规定。按照规定，企业安排职工加班，应与工会和职工协商，职工有权拒绝加班，企业不得强迫职工加班。企业安排职工加班，一般每日不得超过 1 小时，因特殊原因需要延长工作时间的，在保障劳动者身体健康的条件下延长工作时间每日不得超过 3 小时，但是每月不得超过 36 小时。

在发生自然灾害、事故或者其他原因，威胁劳动者生命健康和财产安全，需要紧急处理的情况下，以及生产设备、交通运输线路、公共设施发生故障，影响生产和公众利益，必须及时抢修的情况下，或是在法律、法规规定的其他情况下，安排职工加班可以不受上述限制。

8. 我国法律对加班加点有何规定？

凡在法定节假日和公休假日进行工作的叫做加班，凡在正常工作日延长工作时间的叫做加点。加班加点过多，对职工的身体健康会构成危害。为有效地控制加班加点，有关劳动法律、法规均予以限制。

《中华人民共和国劳动法》第四十三条规定：用人单位不得违反本法规定延长劳动者的工作时间。《国务院关于职工工作时间的规定》规定：任何单位和个人不得擅自延长职工工作时间，因特殊情况和紧急任务确需延长工作时间的，按照国家有关规定执行。劳动部《关于〈国务院关于职工工作时间的规定〉的实施办法》也规定：任何单位和个人不得擅自延长职工工作时间。企业由于生产经营需要而延长职工工作时间的，应按《中华人民共和国劳动法》第四十一条的规定执行。

9. 享受年休假的条件是什么？

机关、团体、企业、事业单位、民办非企业单位、有雇工的个体工商户等单位的职工连续工作 1 年以上的，享受带薪年休假（以下简称年休假）。单位应当保证职工享受年休假。职工在年休假期间享受与正常工作期间相同的工资收入。

10. 年休假的假期有多长？

年休假的长短和工作时间成正比，累计的工作时间越长，年休假的假期也越长。具体而言，职工累计工作已满 1 年不满 10 年的，年休假 5 天；已满 10 年不满 20 年的，年休假 10 天；已满 20 年的，年休假 15 天。国家法定休假日、休息日不计入年休假的假期。

11. 如果没有享受年休假，应当怎样支付劳动报酬？

单位应当保障职工的年休假，确因工作需要不能安排职工休年休假的，经职工本人同意，可以不安排职工休年休假。对职工应休未休的年休假天数，单位应当按照该职工日工资收入的 300% 支付年休假工资报酬。

12. 单位与员工解除或终止劳动合同时年休假如何折算？

用人单位与职工解除或者终止劳动合同时，当年度未安排职工休满应休年休假的，应当按照职工当年已工作时间折算应休未休年休假天数并支付未休年休假工资报酬，但折算后不足 1 整天的部分不支付未休年休假工资报酬。折算方法为：（当年度在本单位已过日历天数÷365 天）×职工本人全年应当享受的年休假天数－当年度已安排年休假天数。用人单位当年已安排职工年休假的，多于折算应休年休假的天数不再扣回。

13. 职工享受丧假要符合什么条件?

根据有关规定:职工的直系亲属(父母、配偶和子女)死亡,可以根据具体情况,由本单位行政领导批准,酌情给予 1～3 天的丧假。此外,职工的岳父母或公婆死亡后,需要职工料理丧事的,由本单位行政领导批准,也可给予 1～3 天的丧假。丧事在外地料理的,可以根据路程远近,另给予路程假。在批准的丧假和路程假期间,职工的工资照发,途中的车船费等,全部由职工自理。

14. 什么是不定时工作制?

不定时工作制是指每一工作日没有固定的上下班时间限制的工作时间制度。它是针对因生产特点、工作特殊需要或职责范围的关系,无法按标准工作时间衡量或需要机动作业的职工所采用的一种工时制度。

15. 哪些用人单位及哪些人员可以实行不定时工作制?

企业中的下列三类职工经劳动行政部门审批,可以实行不定时工作制。

(1)企业中的高级管理人员、外勤人员、推销人员、部分值班人员和其他因工作无法按标准工作时间衡量的职工。

(2)企业中的长途运输人员、出租汽车司机和铁路、港口、仓库的部分装卸人员以及因工作性质特殊,需机动作业的职工。

(3)其他因生产特点、工作特殊需要或职责范围的关系,适合实行不定时工作制的职工。

16. 什么是定时工作时间制度?

定时工作时间制度,是法律规定的劳动者在一定时间内固定工作时间的制度。定时工作时间制度又可分为标准工作时间、缩短工作时间和延长工作时间。

(1)标准工作时间,即企业、事业、机关等单位,在正常情况下,普遍实行的法定工作日。根据国务院《关于修改〈国务院关于职工工作时间的规定〉的决定》(国务院第 174 号令),

从 1995 年 5 月 1 日起实行每天工作 8 小时，每周工作 40 小时即"二五"制的工作日制度。

（2）缩短工作时间。缩短工作时间是特指对有害身体健康、劳动条件恶劣、特别繁重体力劳动的职工及女工和未成年工等特定条件下的职工实行的：①从事矿山、井下、高山工种和从事有严重毒害、特别繁重或过度紧张作业的职工，每个工作日要少于 8 小时；②夜班工作时间，实行三班制的职工夜班可减少 1 小时并发给夜班津贴；③哺乳未满 12 个月婴儿的女职工，每日工作时间给予两次哺乳时间，每次 30 分钟；④对未成年工实行缩短工作时间，每日工作时间一般不超过 1 小时。

（3）延长工作时间。延长工作时间是指劳动者每个工作日的工作时间超过标准工作时间长度的工作日制度。根据《劳动法》第四十一条的规定，用人单位由于生产经营需要，经与工会和劳动者协商后可以延长工作时间，一般每日不得超过 1 小时；因特殊原因需要延长工作时间的，在保障劳动者身体健康的条件下延长工作时间每日不得超过 3 小时，每月累计不得超过 36 小时。但有《劳动法》第四十二条情形之一的，延长工作时间不受本条限制。延长工作时间，用人单位应按《劳动法》第四十四条规定支付劳动者工资报酬。

二、劳动安全卫生

1. 什么是安全生产？

根据《中华人民共和国安全生产法》第一条至第四条及第四十四条的规定，安全生产是指生产经营单位在从事生产经营活动过程中必须遵守有关安全生产的法律、法规，加强安全生产管理，建立、健全安全生产责任制度，完善安全生产条件，确保人员、设备和产品的安全。经营单位与从业人员订立的劳动合同，应当载明有关保障从业人员劳动安全、防止职业危害的事项，以及依法为从业人员办理工伤社会保险的事项。生产经营单位不得以任何形式与从业人员订立协议，免除或者减轻其对从业人员因生产安全事故伤亡依法应承担的责任。

2. 劳动者在工作过程中享有哪些安全生产的权利？

根据《中华人民共和国安全生产法》第四十五条至第四十八条的规定，劳动者在工作过程中享有的安全生产权利有：

（1）生产经营单位的从业人员有权了解其作业场所和工作岗位存在的危险因素、防范措施及事故应急措施，有权对本单位的安全生产工作提出建议。

（2）从业人员有权对本单位安全生产工作中存在的问题提出批评、检举、控告；有权拒绝违章指挥和强令冒险作业。生产经营单位不得因从业人员对本单位安全生产工作提出批评、检举、控告或者拒绝违章指挥、强令冒险作业而降低其工资、福利等待遇或者解除与其订立的劳动合同。

（3）从业人员发现直接危及人身安全的紧急情况时，有权停止作业或者在采取可能的应急措施后撤离作业场所。生产经营单位不得因从业人员在紧急情况下停止作业或者采取紧急撤离措施而降低其工资、福利等待遇或者解除与其订立的劳动合同。

（4）因生产安全事故受到损害的从业人员，除依法享有工伤社会保险外，依照有关民事法律尚有获得赔偿的权利的，有权向本单位提出赔偿要求。

3. 用人单位在安全生产和劳动保护方面必须做好的工作有哪些？

根据《中华人民共和国安全生产法》第十六条至第四十三条的规定，用人单位在安全生产和劳动保护方面必须做好的工作有：

（1）生产经营单位应当对从业人员进行安全生产教育和培训，保证从业人员具备必要的安全生产知识，熟悉有关的安全生产规章制度和安全操作规程，掌握本岗位的安全操作技能。未经安全生产教育和培训合格的从业人员，不得上岗作业。生产经营单位采用新工艺、新技术、新材料或者使用新设备，必须了解、掌握其安全技术特性，采取有效的安全防护措施，并对从业人员进行专门的安全生产教育和培训。生产经营单位的特种作业人员必须按照国家有关规定经专门的安全作业培训，取得特种作业操作资格证书，方可上岗作业。

（2）生产经营单位新建、改建、扩建工程项目（以下统称建设项目）的安全设施，必须与主体工程同时设计、同时施工、同时投入生产和使用。安全设施投资应当纳入建设项目概算。

（3）生产经营单位应当在有较大危险因素的生产经营场所和有关设施、设备上，设置明显的安全警示标志。安全设备的设计、制造、安装、使用、检测、维修、改造和报废，应当符合国家标准或者行业标准。生产经营单位必须对安全设备进行经常性维护、保养，并定期检测，保证正常运转。维护、保养、检测应当做好记录，并由有关人员签字。生产经营单位使用的涉及生命安全、危险性较大的特种设备，以及危险物品的容器、运输工具，必须按照国家有关规定，由专业生产单位生产，并经取得专业资质的检测、检验机构检测、检验合格，取得安全使用证或者安全标志，方可投入使用。检测、检验机构对检测、检验结果负责。

（4）生产经营单位对重大危险源应当登记建档，进行定期检测、评估、监控，并制订应急预案，告知从业人员和相关人员在紧急情况下应当采取的应急措施。

（5）生产、经营、储存、使用危险物品的车间、商店、仓库不得与员工宿舍在同一座建筑物内，并应当与员工宿舍保持安全距离。生产经营场所和员工宿舍应当设有符合紧急疏散要求、标志明显、保持畅通的出口。禁止封闭、堵塞生产经营场所或者员工宿舍的出口。

（6）生产经营单位进行爆破、吊装等危险作业，应当安排专门人员进行现场安全管理，确保操作规程的遵守和安全措施的落实。生产经营单位应当教育和督促从业人员严格执行本单位的安全生产规章制度和安全操作规程；并向从业人员如实告知作业场所和工作岗位存在的危险因素、防范措施以及事故应急措施。

（7）生产经营单位必须为从业人员提供符合国家标准或者行业标准的劳动防护用品，并监督、教育从业人员按照使用规则佩戴、使用。生产经营单位的安全生产管理人员应当根据本单位的生产经营特点，对安全生产状况进行经常性检查；对检查中发现的安全问题，应当立即处理；不能处理的，应当及时报告本单位有关负责人。检查及处理情况应当记录在案。生产经营单位应当安排用于配备劳动防护用品、进行安全生产培训的经费。

（8）生产经营单位必须依法参加工伤社会保险，为从业人员缴纳保险费。

4. 何为劳动防护用品？使用劳动防护用品的单位应遵守哪些规定？

劳动者在劳动过程中为免遭或减轻事故伤害或职业危害所配备的防护装备称为劳动防护用品。劳动防护用品分为一般劳动防护用品和特种劳动防护用品。特种劳动防护用品实行生产许可证制度。在中华人民共和国境内的劳动防护用品研制、生产、经营、发放、使用和质量检验单位必须按《劳动防护用品管理规定》执行。

使用劳动防护用品的单位应为劳动者免费提供符合国家规定的劳动防护用品，不得以货币或其他物品替代应当配备的劳动防护用品。应建立健全劳动防护用品的购买、验收、保管、发放、使用、更换、报废等管理制度；并应按照劳动防护用品的使用要求，在使用前对其防护功能进行必要的检查。

使用单位应教育本单位劳动者按照劳动防护用品使用规则和防护要求正确使用劳动防护用品。使用单位应到定点经营单位或生产企业购买特种劳动防护用品。购买的劳动防护用品须经本单位的安全技术部门验收。

5. 发放职工个人劳动防护用品的依据和原则是什么?

发放职工个人劳动保护用品是保护劳动者安全健康的一种预防性辅助措施,应当根据企业安全生产、防止职业性伤害的需要,按照不同工种、不同劳动条件,发给职工个人劳动防护用品。

发放劳动防护服装的依据和原则是:井下作业;有强烈辐射热、烧灼危险的作业;有刺割、绞碾危险或严重磨损而可能引起外伤的作业;接触有毒、有放射性物质,对皮肤有感染的作业;接触有腐蚀物质的作业;在严寒地区冬季经常从事野外、露天作业而自备棉衣不能御寒的工种及经常从事低温作业的工种才能发防寒服装。

6. 发放职工个人特殊劳动防护用品需符合什么要求?

对于生产中必不可少的安全帽、安全带、绝缘护品、防毒面具、防尘口罩等职工个人特殊劳动防护用品,必须根据特定工种的要求配备齐全,并保证质量。对特殊防护用品应建立定期检验制度,不合格的、失效的一律不准使用。各级劳动部门、工会组织要加强监督检查。对于在易燃、易爆、烧灼及有静电发生的场所作业的工人,禁止发放、使用化纤防护用品。

防护服装的式样,应当以符合安全要求为主,做到适用、美观、大方。禁止将劳动防护用品折合现金发给个人,发放的防护用品不准转卖。

7. 保障农民工职业安全卫生权益应该采取哪些措施?

(1)认真履行安全生产监管监察工作,依法保障农民工安全生产和职业安全的健康权益。将农民工有关问题列为安全生产监督检查的重要内容之一,督促企业认真执行国家关于职业安全和劳动保护的各项法规及标准。

(2)加强安全宣传教育工作,增强农民工安全生产意识和自我保护能力。重点要加强对农民工的法律法规、安全知识教育，增强其安全生产意识和自我保护能力。未经培训或者培训考试不合格的，一律不得上岗作业。

（3）认真开展作业场所职业安全健康监督检查工作，为保障农民工职业健康创造条件。

（4）严厉查处事故，依法落实事故责任追究制度。

（5）积极推进农民工参加工伤保险工作。

8. 工伤事故是如何界定的？

特别重大事故，是指造成 30 人以上死亡，或者 100 人以上重伤（包括急性工业中毒，下同），或者 1 亿元以上直接经济损失的事故。

重大事故，是指造成 10 人以上 30 人以下死亡，或者 50 人以上 100 人以下重伤，或者 5 000 万元以上 1 亿元以下直接经济损失的事故。

较大事故，是指造成 3 人以上 10 人以下死亡，或者 10 人以上 50 人以下重伤，或者 1 000 万元以上 5 000 万元以下直接经济损失的事故。

一般事故，是指造成 3 人以下死亡，或者 10 人以下重伤，或者 1 000 万元以下直接经济损失的事故。

三、对女职工的劳动保护

1. 国家对女职工实行了哪些特殊保护？

（1）禁止安排女职工从事矿山井下、国家规定的第四级体力劳动强度的劳动和其他女职工禁忌从事的劳动。

（2）女职工在月经期间，所在单位不得安排其从事高空、低温、冷水和国家规定的第三级体力劳动强度的劳动。

（3）女职工在怀孕期间，所在单位不得安排其从事国家规定的第三级体力劳动强度的劳动和孕期禁忌从事的劳动，不得在正常劳动日以外延长劳动时间；对不能胜任原劳动的，应当根据医务部门的证明，予以减轻劳动量或者安排其他劳动。怀孕 7 个月以上（含 7 个月）的女职工，一般不得安排其从事夜班劳动；在劳动时间内应当安排一定的休息时间。

（4）女职工在哺乳期内，所在单位不得安排其从事国家规定的第三级体力劳动强度和哺乳期禁忌从事的劳动，不得延长其劳动时间，一般不得安排其从事夜班劳动。

（5）女职工生育后可享受产假。

（6）女职工比较多的单位应当按照国家有关规定，以自办或者联办的形式，逐步建立女职工卫生室、孕妇休息室、哺乳室、托儿所、幼儿园等设施，并妥善解决女职工在生理卫生、哺乳、照料婴儿方面的困难。

2. 对女职工流产休假有何规定？

根据《〈女职工劳动保护规定〉问题解答》中规定：女职工流产休假按劳险字〔1988〕2 号《关于女职工生育待遇若干问题的通知》执行，即"女职工怀孕不满 4 个月流产时，应当根据医务部门的意见，给予 15～20 天的产假；怀孕满 4 个月以上流产者，给予 42 天产假。产假期间，工资照发"。

3. 法律规定女职工生育后应获得的待遇有哪些？

我国法律规定的女职工生育后获得的待遇有：

（1）产假。是指国家法律、法规规定，给予女职工在分娩前和分娩后的一定时间内所享有的假期。法定正常产产假为 90 天，其中产前假期为 15 天，产后假期为 75 天。难产的，增加产假 15 天。若系多胞胎生育，每多生育一个婴儿增加产假 15 天。流产产假以 4 个月划界，其中，不满 4 个月流产的，根据医务部门的意见，给予 15～20 天的产假；满 4 个月以上流产的，给予42 天产假。很多地区还采取了对晚婚、晚育的职工给予奖励政策，假期延长到 180 天。

（2）生育津贴。是指国家法律、法规规定对职业妇女因生育而离开工作岗位期间，给予的生活费用。生育津贴的支付方式和支付标准分两种情况：在实行生育保险社会统筹的地区，支付标准按本企业上年度职工月平均工资的标准支付，期限不少于90天；在没有开展生育保险社会统筹的地区，生育津贴由本企业或单位支付，标准为女职工生育之前的基本工资和物价补贴，期限一般为90天。部分地区对晚婚、晚育的职业妇女实行适当延长生育津贴支付期限的鼓励政策。还有的地区对参加生育保险的企业中男职工的配偶，给予一次性津贴补助。

（3）医疗服务。生育医疗服务是由医院、开业医生或合格的助产士向职业妇女和男工之妻提供的妊娠、分娩和产后的医疗照顾以及必需的住院治疗。生育医疗服务是生育保险待遇之一。生育保险医疗服务项目主要包括检查、接生、手术、住院、药品、计划生育手术费用等。

4. 法定节假日或其他假期与产假冲突时，怎样计算产假？

根据《中华人民共和国劳动保险条例实施细则修正草案》及其他相关法规或文件规定，法定节假日或其他假期与产假冲突时产假的计算可分为以下几种情况：

（1）女职工休产假，不论是正常产还是小产，一律包括星期日及法定假日在内，不再补假。

（2）女职工因病或非因工负伤，歇工在6个月以内生育的，应自生育（包括小产）之日起，算做产假，享受产假待遇。产假期满，病伤仍未痊愈的，其病伤假应与生育前的病伤假合并计算。如果病伤假连续歇工在6个月以上生育的，则不算产假，应继续按照病伤假待遇处理。

（3）由于预产期计算不准，产前休息时间过长，产假（无论正常产或小产）期满仍不能正常工作的，经医院证明后，可按照疾病待遇处理。

（4）女职工因生育而享受产假，是国家对妇女的特殊照顾，而探亲假规定是解决职工与家属团聚的问题，这是两个不同的假期制度。因此，凡符合回家探亲条件的女职工，即使当年请过产假，仍然可以享受探亲假待遇。

5. 用人单位可否在女职工怀孕、产期解除劳动合同?

根据国务院颁布的《女职工劳动保护规定》第四条规定，对实行计划生育的女职工，企业不得以女职工在怀孕、生育和哺乳为由在试用期或任何其他时期解除劳动合同，但在试用期内不符合录用条件的，在"三期"（孕期、产期、哺乳期）内违纪的除外，对实行计划生育的女职工在这段时间内劳动合同期虽满，也不能解除劳动合同，必须延续到哺乳期满。

四、对未成年人的保护

1. 如何认识未成年工?

根据《中华人民共和国劳动法》第十五条和《禁止使用童工规定》第二条的规定，要正确认识未成年工，需把握以下几点。

（1）未成年工是指已满16周岁不满18岁的劳动者。

（2）国家禁止用人单位招用未满16周岁的未成年人。

（3）文艺、体育和特种工艺单位招用未满16周岁的未成年人，必须依照国家有关规定，履行审批手续，并保障其接受义务教育的权利。

（4）禁止任何单位或者个人为不满16周岁的未成年人介绍就业。

（5）禁止不满16周岁的未成年人开业从事个体经营活动。

2. 未成年劳动者享有哪些特殊保护?

我国多部法律、法规中都明确规定了对未成年人的特殊劳动保护。《中华人民共和国未成年人保护法》第二十八条第二款规定："任何组织和个人依照国家有关规定招收已满16周岁未满18周岁的未成年人的，应当在工种、劳动时间、劳动强度和保护措施等方面执行国家有关规定，不得安排其从事过重、有毒、有害的劳动或者危险作业。"1994 年公布的《中华人民共和国劳动法》中也规定："不得安排未成年人从事矿山井下、有毒有害、国家规定的四级体力劳动强度和其他禁止从事的劳动。"这些是我国保护未成年人就业的总要求，其享有如下一些具体的特殊保护。

（1）企业招收使用已满 16 周岁不满 18 周岁的未成年人，应根据本人的身体状况、文化程度等，在工种上给予照顾；对女性未成年人，还应给予特别照顾。在招用工人时，凡适合妇女从事的工种，不得歧视女性。在劳动强度上，应安排未成年工从事较为轻松、没有危险的工种。

（2）依据《中华人民共和国劳动法》，在劳动时间上，每天不能超过 8 小时。

（3）不能让未成年人从事过重、有毒、有害、有危险的劳动。"过重"的劳动，指机械制造、采挖、搬运、装卸等方面的工作；"有毒"主要指冶炼、蒸馏等与有毒物质接触的工作；"有害"是指对人身体有影响的气体、粉尘、噪声、污染等影响环境的工作；"有危险"主要指高空、水下等作业场地对人有直接的安全影响的工作。过重、有毒、有害、有危险的劳动，主要包括：①《生产性粉尘作业危害程序分级》国家标准中第一级以上的有毒作业；②《有毒作业分级》国家标准中第一级以上的有毒作业；③《高处作业分级》国家标准中第二级以上的高处作业；④《冷水作业分级》国家标准中第二级以上的冷水作业；⑤《高温作业分析》国家标准中第三级以上的高温作业；⑥《低温作业分级》国家标准中第三级以上的低温作业；⑦《体力劳动强度分级》国家标准中四级以上体力劳动强度的作业；⑧矿山井下及矿山地面采石作业；⑨森林业中伐木、流放及守林作业；⑩工作场所接触放射性物质的作业；⑪有易燃易爆、化学性烧伤和热烧伤等危险性大的作业等。

（4）建立未成年工的登记和健康检查制度。未成年工，必须持未成年工登记证上岗。用人单位应当对未成年工定期进行健康检查。具体检查时间：①安排工作岗位之前；②工作满 1 年；③年满 18 周岁，距前一次的体检时间已超过半年。未成年工的体检和登记，由用人单位统一办理并承担费用。

3. 什么是童工？

童工是指未满 16 周岁，与单位或者个人发生劳动关系从事有经济收入的劳动或者从事个体劳动的少年、儿童或者未接受九年义务教育的在校儿童。招用不满 16 周岁的未成年人，统称使用童工。任何用人单位均不得招用不满 16 周岁的未成年人。也禁止任何单位或者个人为不满 16 周岁的未成年人介绍就业，禁止不满 16 周岁的未成年人开业从事个体经营活动。文艺、体育单位经未成年人的父母或者其他监护人同意，可以招用不满 16 周岁的专业文艺工作者、运动员。用人单位应当保障被招用的不满 16 周岁的未成年人的身心健康，保障其接受义务教育的权利。

4. 童工和用人单位签订的劳动合同的法律效力如何？

用人单位和童工签订的劳动合同无效，这类合同属于违反法律和行政法规强制性规定的情形。童工已付出劳动的，用人单位应当向童工支付劳动报酬。劳动报酬的数额，参照本单位相同或者相近岗位劳动者的劳动报酬确定。

5. 单位或者个人为不满 16 周岁的未成年人介绍就业的，应如何处罚？

《禁止使用童工规定》第七条规定："单位或者个人为不满 16 周岁的未成年人介绍就业的，由劳动保障行政部门按照每介绍一人处 5 000 元罚款的标准给予处罚；职业中介机构为不满 16 周岁的未成年人介绍就业的，并由劳动保障行政部门吊销其职业介绍许可证。"

6. 拐骗童工，强迫童工劳动，使用童工从事高空、井下等高劳动强度劳动的，应如何处罚？

《禁止使用童工规定》第十一条规定："拐骗童工，强迫童工劳动，使用童工从事高空、井下、放射性、高毒、易燃易爆以及国家规定的第四级体力劳动强度的劳动，使用不满 14 周岁的童工，或者造成童工死亡或者严重伤残的，依照刑法关于拐卖儿童罪、强迫劳动罪或者其他罪的规定，依法追究刑事责任。"

7. 父母允许不满 16 周岁的未成年人被用人单位非法招用的，如何处罚？

《禁止使用童工规定》第三条规定："不满 16 周岁的未成年人的父母或者其他监护人应当保护其身心健康，保障其接受义务教育的权利，不得允许其被用人单位非法招用。不满 16 周岁的未成年人的父母或者其他监护人允许其被用人单位非法招用的，所在地的乡（镇）人民政府、城市街道办事处以及村民委员会、居民委员会应当给予批评教育。"

8. 用人单位非法使用童工并使其伤残或者死亡的，应遭到何处罚？

《禁止使用童工规定》第十条规定："童工患病或者受伤的，用人单位应当负责送到医疗机构治疗，并负担治疗期间的全部医疗和生活费用。童工伤残或者死亡的，用人单位由工商行政管理部门吊销营业执照或者由民政部门撤销民办非企业单位登记；用人单位是国家机关、事业单位的，由有关单位依法对直接负责的主管人员和其他直接责任人员给予降级或者撤职的行政处分或者纪律处分；用人单位还应当一次性地对伤残的童工、死亡童工的直系亲属给予赔偿，赔偿金额按照国家工伤保险的有关规定计算。"

五、职业病

1. 什么是职业病？

职业病，是指企业、事业单位和个体经济组织（以下统称用人单位）的劳动者在职业活动中，因接触粉尘、放射性物质和其他有毒、有害物质等因素而引起的疾病。

2. 什么是职业危害？

企业在生产过程中可能使用、生产或者产生一些对劳动者健康有危害的物质，在其他职业活动中也可能存在危害人体健康的因素，这些生产过程和职业活动中的有害因素称为职业危害。职业危害分为三类：一是与生产过程相关的职业危害因素；二是与劳动过程相关的职业危害因素；三是与作业场所的卫生条件不良或者生产工艺落后及设备缺陷相关的职业危害因素。

3. 劳动者患有职业病之后，该怎么办？

劳动者可以在用人单位所在地或者本人居住地依法承担职业病诊断的医疗卫生机构进行职业病诊断。

当事人对职业病诊断有异议的，可以向作出诊断的医疗卫生机构所在地地方人民政府卫生行政部门申请鉴定。职业病诊断争议由设区的市级以上地方人民政府卫生行政部门根据当事人的申请，组织职业病诊断鉴定委员会进行鉴定。当事人对设区的市级职业病诊断鉴定委员会的鉴定结论不服的，可以向省、自治区、直辖市人民政府卫生行政部门申请再鉴定。

4. 职工治疗工伤或职业病如何就医？

职工治疗工伤，应当到与社会保险经办机构签订服务协议的医疗机构就医，情况紧急时可以先到就近的医疗机构急救，但病情平稳后应及时转入协议医疗机构。

另外，工伤职工因伤情需要或经治的协议医疗机构技术条件所限，需跨统筹地区转入其他协议医疗机构治疗的，应由经治的协议医疗机构提出意见，并经经办机构同意。工伤职工跨统筹地区就医所发生的费用，可先由其所在单位垫付，经社会保险经办机构审核后，按本统筹地区有关规定结算。

5. 申请职业病诊断需要提供哪些材料？

申请职业病诊断需要提供下列材料：职业病诊断鉴定申请书；职业病诊断证明书；职业史、既往史；职业健康监护档案复印件；职业健康检查结果；工作场所历年职业病危害因素检测、评价资料；诊断机构要求提供的其他必需的有关材料。

6. 职工应到哪种医疗卫生机构进行职业病诊断？

职工可以选择在用人单位所在地或者本人居住地的、经省级以上人民政府卫生行政部门批准的具有职业病诊断资格的医疗卫生机构进行职业病诊断。

7. 患有职业病享有哪些待遇？

（1）职业病病人依法享受国家规定的职业病待遇。

（2）用人单位应当按照国家有关规定，安排职业病病人进行治疗、康复和定期检查。

（3）用人单位对不适宜继续从事原工作的职业病病人，应当调离原岗位，并妥善安置。

（4）职业病病人的诊疗、康复费用，伤残以及丧失劳动能力的职业病病人的社会保障，按照国家有关工伤社会保险的规定执行。

（5）职业病病人除依法享有工伤社会保险外，依照有关民事法律，尚有获得赔偿的权利的，有权向用人单位提出赔偿要求。

（6）劳动者被诊断患有职业病，但用人单位没有依法参加工伤社会保险的，其医疗和生活保障由最后的用人单位承担；最后的用人单位有证据证明该职业病是先前用人单位的职业病危害造成的，由先前的用人单位承担。

（7）职业病病人变动工作单位，其依法享有的待遇不变。

8. 劳动者享有哪些职业卫生保护权利？

劳动者享有下列职业卫生保护权利：获得职业卫生教育、培训；获得职业健康检查、职业病诊疗、康复等职业病防治服务；了解工作场所产生或者可能产生的职业病危害因素、危害后果和应当采取的职业病防护措施；要求用人单位提供符合防治职业病要求的职业病防护设施和个人使用的职业病防护用品，改善工作条件；对违反职业病防治法律、法规以及危及生命健康的行为提出批评、检举和控告；拒绝违章指挥和强令进行没有职业病防护措施的作业；参与用人单位职业卫生工作的民主管理，对职业病防治工作提出意见和建议。

用人单位应当保障劳动者行使所列权利。因劳动者依法行使正当权利而降低其工资、福利等待遇或者解除、终止与其订立的劳动合同的，其行为无效。

第五章　社会保险

一、什么是社会保险？其有哪些特征？

社会保险，是指以国家为主体，对有工资收入的劳动者在暂时或者永久丧失劳动能力，或虽有能力而无工作亦即丧失生活来源的情况下，通过立法手段，运用社会力量给这些劳动者以一定程度的收入损失补偿，使之能继续达到基本生活水平，从而保证劳动力再生产和扩大再生产的正常运行，保证国内社会安定的一种制度。我国的社会保险包括养老保险、医疗保险、失业保险、工伤保险、生育保险等5种保险，现在还有针对农村居民的新型农村合作医疗制度正处在普及推广之中，这些都是国家的一种福利政策，不以营利为目的。其中养老保险、医疗保险和失业保险，这三种保险是由企业和个人共同缴纳保费，工伤保险和生育保险完全是由企业承担，个人不需要缴纳。另外，职工在试用期内也应该上保险，企业给职工上保险是一项法定的义务，不取决于职工的意思或自愿与否，即使职工表示不需要上保险也不行，而且商业保险不能替代社会保险。

社会保险的特征如下。

（1）社会保险的主体是特定的，包括劳动者与用人单位。

（2）社会保险的客观基础，是劳动领域中存在的风险，保险的标的是劳动者的人身。

（3）社会保险属于强制性保险。

（4）社会保险的目的是维持劳动力的再生产。

（5）保险基金来源于用人单位和劳动者的缴费及财政的支

持。保险对象范围限于职工，不包括其他社会成员。保险内容范围限于劳动风险中的各种风险，不包括此外的财产、经济等风险。

二、外出务工人员可以享受哪些社会保险？

从我国社会保险的实践来看，外出务工人员尤其是农民工的社会保险权利甚至工伤保险权利有的得不到保障，这既有我国社会保险立法方面的原因，也有执法方面的原因，同时，和用人单位以及劳动者的社会保险意识不强也有关。

从我国现行的法律规定来看，外出务工人员（包括农民工）只要和用人单位建立了固定的劳动关系，和其他职工在享受社会保险的权利上没有任何差别。外出务工人员可以和其他职工一样享有工伤、医疗、失业、生育、养老等各项保险待遇，但需要注意的是，在具体的社会保险覆盖范围上，各省的规定会略有差异。例如，根据《工伤保险条例》规定，中华人民共和国境内的各类企业、有雇工的个体工商户应当依照本条例规定参加工伤保险，为本单位全部职工或者雇工缴纳工伤保险费。《工伤保险条例》规定将有雇工的个体工商户纳入工伤保险范围，但鉴于各地经济发展不平衡，有雇工的个体工商户参加工伤保险的具体步骤和实施办法，由各省、自治区、直辖市人民政府规定。

劳动者都享有社会保险的平等权利，同时，又都对社会保险负有不可推卸的责任和义务。权利与义务相对应是社会保险的基本原则，劳动者只有履行了依法参保、依法缴费的法定义务后，才能依法享受各项社会保险待遇。

三、外出务工人员应承担哪些社会保险费用？

根据《社会保险费征缴暂行条例》的规定，这里的各项社会保险费用包括以下几个方面。

1. 基本养老保险费。基本养老保险费的征缴范围包括：国有企业、城镇集体企业、外商投资企业、城镇私营企业和其他城镇企业及其职工，实行企业化管理的事业单位及其职工。

2. 基本医疗保险费。基本医疗保险费的征缴范围包括：国有企业、城镇集体企业、外商投资企业、城镇私营企业和其他城镇企业及其职工，民办非企业单位及其职工，社会团体及其专职人员。

3. 失业保险费。失业保险费的征缴范围包括：国有企业、城镇集体企业、外商投资企业、城镇私营企业和其他城镇企业及其职工，事业单位及其职工。

省、自治区、直辖市人民政府根据当地实际情况，可以规定将城镇个体工商户纳入基本养老保险、基本医疗保险的范围，并可以规定将社会团体及其专职人员、民办非企业单位及其职工以及有雇工的城镇个体工商户及其雇工纳入失业保险的范围。

四、何为工伤保险？

工伤保险，又称职业伤害保险。工伤保险是通过社会统筹的办法，集中用人单位缴纳的工伤保险费，建立工伤保险基金，对劳动者在生产经营活动中遭受意外伤害或患职业病，并由此造成死亡、暂时或永久丧失劳动能力时，给予劳动者及其家属法定的医疗救治以及必要的经济补偿的一种社会保障制度。这种补偿既包括医疗、康复所需费用，也包括保障基本生活的费用。

现代意义上工伤保险已从早期单纯的工伤补偿发展为工伤预防、工伤补偿、工伤康复三位一体的社会保险制度。1964 年在第 48 届国际劳工大会上通过的《工伤事故和职业病津贴公约》和《工伤事故和职业病津贴建议书》均明确提出，实施工伤保险的目的，是当受雇人员发生不测时，为其提供医疗护理、现金津贴，进行职业康复；为残疾者安排适当职业；采取措施防止工伤事故和职业病。

五、农民工参加工伤保险有哪些政策？

2004 年 6 月，劳动和社会保障部根据《工伤保险条例》的有关规定精神，发出了《关于农民工参加工伤保险有关问题的通知》（劳社部发〔2004〕18 号），明确了农民工参加工伤保险的有关政策。主要包括：

凡是与用人单位建立劳动关系的农民工，用人单位必须及时为他们办理参加工伤保险的手续。对用人单位为农民工先行办理工伤保险的，各地经办机构应予办理。

用人单位注册地与生产经营地不在同一统筹地区的，原则上在注册地参加工伤保险。未在注册地参加工伤保险的，在生产经营地参加工伤保险。农民工受到事故伤害或患职业病后，在参保地进行工伤认定、劳动能力鉴定，并按参保地的规定依法享受工伤保险待遇。用人单位在注册地和生产经营地均未参加工伤保险的，农民工受到事故伤害或者患职业病后，在生产经营地进行工伤认定、劳动能力鉴定，并按生产经营地的规定依法由用人单位支付工伤保险待遇。

六、工伤保险的基本特征有哪些？

工伤保险有 4 个基本特征。

1. 强制性

工伤保险作为社会保险的一种，是由国家通过立法来强制执行的。在立法规定的范围内，用人单位必须为职工办理参加工伤保险，并为职工缴纳费用。

2. 非营利性

工伤保险作为社会保险一个险种，以保障工伤职工权益为目的，社会保险经办机构经办工伤保险业务，为工伤职工服务，不收取费用。经办机构的业务经费由财政部门拨付，工伤保险基金全部为工伤职工所用。

3. 保障性

工伤保险注重对工伤职工及其供养亲属的基本生活保障，并通过及时的救治和康复，给予一次性和长期待遇来实现。

4. 互济性

工伤保险通过向各用人单位征收工伤保险费，建立工伤保险基金，用于工伤职工救治、康复和经济补偿，体现了互助互济的特点。

七、如何认识工伤保险待遇？

工伤保险待遇，是指对工伤职工或者其直系亲属给予一定的经济补偿、经济帮助以及其他方面的工伤待遇的社会制度。根据国务院《工伤保险条例》第二十九条的规定，要正确认识工伤保险待遇，应把握以下几点。

（1）职工因工作遭受事故伤害或者患职业病进行治疗，享受工伤医疗待遇。

（2）职工治疗工伤应当在签订服务协议的医疗机构就医，情况紧急时可以先到就近的医疗机构急救。

（3）治疗工伤所需费用符合工伤保险诊疗项目目录、工伤保险药品目录、工伤保险住院服务标准的，从工伤保险基金支付。

（4）工伤保险诊疗项目目录、工伤保险药品目录、工伤保险住院服务标准，由国务院劳动保障行政部门会同国务院卫生行政部门、药品监督管理部门等部门规定。

（5）职工住院治疗工伤的，由所在单位按照本单位因公出差伙食补助标准的 70% 发给住院伙食补助费；经医疗机构出具证明，报经办机构同意，工伤职工到统筹地区以外就医的，所需交通、食宿费用由所在单位按照本单位职工因公出差标准报销。

（6）工伤职工治疗非工伤引发的疾病，不享受工伤医疗待遇，按照基本医疗保险办法处理。

（7）工伤职工到签订服务协议的医疗机构进行康复性治疗的费用，符合规定的，从工伤保险基金支付。

八、工伤保险待遇的确定原则有哪些？

根据《工伤保险条例》第五章以及有关规定，确定工伤保险待遇的基本原则是保障因工作遭受事故伤害或者患职业病的职工获得医疗救治和经济补偿、促进工伤预防和职业康复、分散用人单位的工伤风险，这也是该条例的立法宗旨。工伤保险待遇分为工伤医疗待遇、停工留薪期待遇、伤残补偿待遇和死亡补偿待遇 4 类。从待遇构成和支付渠道来看，充分体现救治、经济补偿和职业康复相结合，以及分散用人单位工伤风险的要求。因此，工伤保险待遇的确定原则主要体现在如下几个方面。

1. 保障工伤职工的救治权和经济补偿权的原则。《工伤保险条例》规定，工伤职工应得到及时、有效的救治，应足额保障工伤职工的检查诊断、治疗、住院、交通、伙食补助等费用；伤情稳定以后，经过劳动能力鉴定，根据伤残等级享受相应的一次性或长期性的经济补偿；因工死亡的，应向其直系亲属发放丧葬补助金、供养亲属抚恤金和一次性工亡补助金。

2. 促进职业康复原则。《工伤保险条例》第二十九条第六款关于工伤职工进行康复性治疗的费用支付规定，第三十条关于人工肢体、器官等辅助器具的规定，体现了国家注重提高工伤职工的生活质量，通过康复训练恢复其机体功能和劳动能力的原则。

3. 分散用人单位工伤风险原则。根据《工伤保险条例》的规定，用人单位已依法参加工伤保险的，其职工遭受工伤后发生的救治费用和经济补偿费用，绝大部分由工伤保险基金支付，从而形成了损害赔偿的社会化，分散了用人单位的工伤风险。

4. "一次性补偿与长期补偿相结合原则"和"确定伤残和职业病等级原则"。对因工部分或完全丧失劳动能力，或是因工死亡的职工，工伤保险机构应支付一次性补偿金，并且向被鉴定为 1~4 级伤残的工伤职工或工亡者的供养亲属支付长期抚恤金。这种补偿原则，已被世界上越来越多的国家所接受。为了区别不同等级的伤残和职业病状况，发放不同标准的待遇，通过专门的鉴定机构和人员对受伤害的职工受害程度予以确定。根据不同的等级，发放不同标准的伤残津贴。

九、何为医疗保险？

医疗保险是为补偿劳动者因疾病风险造成的经济损失而建立的一项社会保险制度。通过用人单位和个人缴费，建立医疗保险基金，参保人员患病就诊发生医疗费用后，由医疗保险经办机构给予一定的经济补偿，以避免或减轻劳动者因患病、治疗等所带来的经济风险。

医疗保险的实质是社会共担医疗风险，目的在于鼓励用人单位和个人按照国家有关法律规定缴纳一定的医疗保险费，通过社会调剂，保证劳动者在健康受到损害时得到必需的基本医疗服务或经济补偿，避免因治疗而影响生活和工作。医疗保险是根据国家立法规定，通过缴纳医疗保险费，把具有不同医疗需要的群体资金集中起来，进行再分配，为其提供基本医疗保险。医疗保险的理论基础是：对于每个人来说，其生病和受伤害是不可预测的，而对于一个人群整体来说，则又是可以预测的，按照大数法则，这种社会合作的力量大于每个人经济力量的简单相加。

十、医疗保险与其他社会保险
形式的区别是什么？

医疗保险与其他社会保险形式有着本质的区别，主要体现在：

（1）医疗保险具有补偿性；

（2）对符合条件的被保险人，在医疗待遇方面实行均等原则；

（3）医疗费用具有专用性，即在国家法律规定的范围内，直接向被保险人提供全部或部分免费医疗服务，或凭医疗机构的单据在规定范围内报销医疗费用。

十一、如何认识医疗保险统筹基金和个人账户？

根据国务院《关于建立城镇职工基本医疗保险制度的决定》，社会医疗保险基金由统筹基金和个人账户构成。要正确认识医疗保险统筹基金和个人账户，需要了解和把握以下几点。

（1）职工个人缴纳的基本医疗保险费，全部计入个人账户。

（2）用人单位缴纳的基本医疗保险费分为两部分，一部分用于建立统筹基金，一部分划入个人账户。划入个人账户的比例一般为用人单位缴费的30%左右，具体比例由统筹地区根据个人账户的支付范围和职工年龄等因素确定。

（3）统筹基金和个人账户要划定各自的支付范围，分别核算，不得互相挤占。要确定统筹基金的起付标准和最高支付限额，起付标准原则上控制在当地职工年平均工资的10%左右，最高支付限额原则上控制在当地职工年平均工资的4倍左右。起付标准以下的医疗费用，从个人账户中支付或由个人自付。起付标准以上、最高支付限额以下的医疗费用，主要从统筹基金中支付，个人也要负担一定比例。

（4）超过最高支付限额的医疗费用，可以通过商业医疗保险等途径解决。

（5）统筹基金的具体起付标准、最高支付限额以及在起付标准以上和最高支付限额以下医疗费用的个人负担比例，由统筹地区根据以收定支、收支平衡的原则确定。

十二、农民工参加医疗保险的政策性规定有哪些？

国务院《关于解决农民工问题的若干意见》规定，农民工参加医疗保险的政策性规定主要有如下两方面。

（1）各统筹地区要采取建立大病医疗保险统筹基金的办法，重点解决农民工进城务工期间的住院医疗保障问题。根据当地实际合理确定缴费率，主要由用人单位缴费。

（2）完善医疗保险结算办法，为患大病后自愿回原籍治疗的参保农民工提供医疗结算服务。有条件的地方，可直接将稳定就业的农民工纳入城镇职工基本医疗保险。农民工也可自愿参加原籍的新型农村合作医疗。

另外，要注意的是，我们通常所说的医疗保险，是指社会统筹的医疗保险，而大病医疗保险属于补充医疗保险，属于商业类的医疗保险范围，它是在社会统筹的医疗保险发生的费用达到最高给付标准线以上时发挥作用的一个特殊险种。

十三、什么是失业保险？

根据《失业保险条例》第一条和第二条的规定，失业保险是指国有企业、城镇集体企业、外商投资企业、城镇私营企业等城镇企业和事业单位，依法为本单位职工缴纳失业保险费，当单位职工在劳动年龄内有劳动能力，由于客观原因失业后，能从失业保险基金中获得生活帮助的一种社会保险。

十四、如何认识农民合同制工人的一次性生活补助？

《失业保险条例》第二十一条规定："单位招用的农民合同制工人连续工作满 1 年，本单位并已缴纳失业保险费，劳动合同期满未续订或者提前解除劳动合同的，由社会保险经办机构根据其工作时间长短，对其支付一次性生活补助。补助的办法和标准由省、自治区、直辖市人民政府规定。"据此，针对农民合同制工人的一次性生活补助，可以从以下几个方面理解。

（1）农民工来自农村，来城镇企业事业单位工作前在农村都有土地，在失去工作后还可以回到原籍务农，基本生活有保障，不属于失业状态。

（2）如果农民合同制工人所在单位参加了失业保险并且按照单位工资总额缴纳了失业保险费，其中包括了农民合同制工人的工资总额，应认定其尽到了失业保险的社会义务，根据权利义务相一致的原则，农民合同制工人在失业时就应该获得相应的保险利益。即如果农民工在该单位连续工作满 1 年，本单位已缴纳了失业保险，终止或者提前解除劳动合同时，可以从社会保险经办机构领取一次性生活补助。

（3）由社会保险经办机构根据农民合同制工人的工作时间长短，对其支付一次性生活补助。

十五、什么是养老保险？

养老保险，是指当劳动者在达到国家规定的劳动年龄或者丧失劳动能力退出劳动工作岗位后，由社会养老保险基金依法给其相应生活保障费用的一种社会保险。国务院《关于建立统一的企业职工基本养老保险制度的决定》规定，基本养老保险制度要逐步扩大到城镇所有企业及其职工。城镇个体劳动者也要逐步实行基本养老保险制度，其缴费比例和待遇水平由省、自治区、直辖市人民政府参照本决定精神确定。

十六、农民工可以参加养老保险的政策性规定有哪些？

根据国务院《关于解决农民工问题的若干意见》以及劳动和社会保障部《关于完善城镇职工基本养老保险政策有关问题的通知》的规定，农民工可以参加养老保险的政策性规定主要体现在以下方面。

（1）国家将积极探索适合农民工特点的养老保险办法。抓紧研究低费率、广覆盖、可转移，并能够与现行的养老保险制度衔接的农民工养老保险办法。有条件的地方，可直接将稳定就业的农民工纳入城镇职工基本养老保险。已经参加城镇职工基本养老保险的农民工，用人单位要继续为其缴费。

（2）基本养老保险覆盖范围内的用人单位，包括农民工在内的所有职工都应参加养老保险，用人单位必须履行缴纳养老保险的社会义务。

（3）参加养老保险的农民合同制职工，在与企业终止或解除劳动关系后，由社会保险经办机构保留其养老保险关系，保管其个人账户并计息，凡重新就业的，应接续或转移养老保险关系；也可按照省级政府的规定，根据农民合同制职工本人申请，将其个人账户个人缴费部分一次性支付给本人，同时终止养老保险关系，凡重新就业的，应重新参加养老保险。

（4）农民合同制职工在男年满60周岁、女年满55周岁时，累计缴费年限满15年以上的，可按规定领取基本养老金；累计缴费年限不满15年的，其个人账户全部储存额一次性支付给本人。

第六章　劳动争议

一、什么是劳动争议？

劳动争议是指国家机关、企事业单位、社会团体、个体工商户等用人单位与职工（包括学徒和帮工），因为实现劳动权利与履行劳动义务而发生的纠纷。

二、劳动争议具体分为哪几类？

根据《中华人民共和国企业劳动争议处理条例》第二条、《中华人民共和国劳动争议调解仲裁法》第二条的规定，劳动争议具体分为两大类。

（1）按照争议的客体不同划分为：劳动关系争议、劳动合同订立争议、劳动合同履行争议、劳动合同变更争议、劳动合同解除争议、劳动合同终止争议、开除争议、除名争议、辞退争议、辞职争议、自动离职争议、劳动工资争议、社会保险争议、福利待遇争议、培训争议、劳动保护争议、经济补偿争议、赔偿争议、工作时间争议、休息休假争议等。

（2）按照劳动争议是否具有涉外因素，分为涉外劳动争议和国内劳动争议。

三、哪些纠纷不属于劳动争议？

根据《最高人民法院关于审理劳动争议案件适用法律若干

问题的解释（二）》第七条、第八条的规定，下列纠纷不属于劳动争议。

（1）劳动者请求社会保险经办机构发放社会保险金的纠纷；

（2）劳动者与用人单位因住房制度改革产生的公有住房转让纠纷；

（3）劳动者对劳动能力鉴定委员会的伤残等级鉴定结论或者对职业病诊断鉴定委员会的职业病诊断鉴定结论的异议纠纷；

（4）家庭或者个人与家政服务人员之间的纠纷；

（5）个体工匠与帮工、学徒之间的纠纷；

（6）农村承包经营户与受雇人之间的纠纷；

（7）当事人不服劳动争议仲裁委员会作出的预先支付劳动者部分工资或者医疗费用的裁决而引发的纠纷。

四、劳动争议的解决途径有哪些?

根据《中华人民共和国劳动争议调解仲裁法》《中华人民共和国劳动法》《企业劳动争议调解委员会组织及工作规则》的有关规定，劳动争议的解决途径有如下几种。

1. 协商解决

发生劳动争议，劳动者可以与用人单位协商，也可以请工会或者第三方共同与用人单位协商，达成和解协议。

2. 调解解决

发生劳动争议，当事人不愿协商、协商不成或者达成和解协议后不履行的，可以向本单位劳动争议调解委员会申请调解。当事人申请调解，应当自知道或应当知道其权利被侵害之日起30日内，以口头或书面形式向调解委员会提出申请，并填写《劳动争议调解申请书》。调解委员会接到调解申请后，应征询对方当事人的意见，对方当事人不愿调解的，应做好记录，在3日内以书面形式通知申请人。调解委员会应在4日内作出受理或不受理申请的决定，对不受理的，应向申请人说明理由。对调解委员会无法决定是否受理的案件，由调解委员会主任决定是否受理。发生劳动争议的职工一方在 3 人以上，并有共同申诉理由的，应当推举代表参加调解活动。调解委员会调解劳动争议，应当自当事人申请调解之日起 30 日内结束。到期未结束的，视为调解不成。

3. 仲裁解决

不愿调解、调解不成或者达成调解协议后不履行的，当事人一方或双方均可在其知道或者应当知道权利被侵害之日起 1 年内向劳动争议仲裁委员会申请仲裁。仲裁庭应当先行调解，调解不成或者调解书送达前，一方当事人反悔的及时作出裁决。当事人对发生法律效力的调解书、裁决书，应当依照规定的期限履行。一方当事人逾期不履行的，另一方当事人可以依照民事诉讼法的有关规定向人民法院申请执行。受理申请的人民法院应当依法执行。

4. 诉讼解决

根据原告的不同，诉讼解决的提起分为如下 3 种情况。

（1）由劳动者作为原告提起诉讼的情形。劳动者对追索劳动报酬、工伤医疗费、经济补偿或者赔偿金，不超过当地月最低工资标准 12 个月金额的争议以及因执行国家的劳动标准在工作时间、休息休假、社会保险等方面发生的劳动争议仲裁裁决不服的，可以自收到仲裁裁决书之日起 15 日内向人民法院提起诉讼。

（2）由用人单位在提请法院撤销仲裁裁决并被法院依法裁定撤销仲裁裁决之后，双方当事人均可作为原告提起诉讼的情形。用人单位有证据证明有关追索劳动报酬、工伤医疗费、经济补偿或者赔偿金，不超过当地月最低工资标准 12 个月金额的争议以及因执行国家的劳动标准在工作时间、休息休假、社会保险等方面发生的劳动争议仲裁裁决有下列情形之一，可以自收到仲裁裁决书之日起 30 日内向劳动争议仲裁委员会所在地的中级人民法院申请撤销裁决：一是适用法律、法规确有错误的；二是劳动争议仲裁委员会无管辖权的；三是违反法定程序的；四是裁决所根据的证据是伪造的；五是对方当事人隐瞒了足以影响公正裁决的证据的；六是仲裁员在仲裁该案时有索贿受贿、徇私舞弊、枉法裁决行为的。人民法院经组成合议庭审查核实裁决有前款规定情形之一的，应当裁定撤销。仲裁裁决被人民法院裁定撤销的，当事人可以自收到裁定书之日起 15 日内就该劳动争议事项向人民法院提起诉讼。

（3）双方当事人均可作为原告提起诉讼的情形。当事人对追索劳动报酬、工伤医疗费、经济补偿或者赔偿金，不超过当地月最低工资标准 12 个月金额的争议以及因执行国家的劳动标准在工作时间、休息休假、社会保险等方面发生的劳动争议以外的其他劳动争议案件的仲裁裁决不服的，可以自收到仲裁裁决书之日起 15 日内向人民法院提起诉讼；期满不起诉的，裁决书发生法律效力。

五、处理劳动争议的机构有哪些?

《中华人民共和国劳动法》和《中华人民共和国企业劳动争议处理条例》规定，我国目前处理劳动争议的机构有 3 种：企业劳动争议调解委员会、地方劳动仲裁委员会和人民法院。

1. 企业劳动争议调解委员会

劳动争议调解委员会是用人单位根据《中华人民共和国劳动法》和《中华人民共和国企业劳动争议处理条例》的规定在本单位内部设立的机构，是专门处理与本单位劳动者之间的劳动争议的群众性组织。劳动争议调解委员会由下列人员组成。

①职工代表（由职工代表大会或职工大会推举产生）；

②用人单位代表（由厂长或经理指定）；

③用人单位工会代表（由用人单位工会委员会指定）组成。

用人单位的代表不能超过调解委员会成员总数的1/3，调解委员会主任由工会代表担任。调解委员会的办事机构设在企业工会委员会。没有成立工会组织的企业，调解委员会的设立及其组成由企业代表与职工代表协商决定。

2. 地方劳动争议仲裁委员会

劳动争议仲裁委员会是处理劳动争议的专门机构。县、市、市辖区人民政府设立仲裁委员会，负责处理本辖区内发生的劳动争议。设区的市、市辖区仲裁委员会受理劳动争议案件的范围由省、自治区、直辖市人民政府规定。各级仲裁委员会由劳动行政主管部门的代表、工会的代表、政府指定的经济综合管理部门的代表组成，主任由劳动行政主管部门的负责人担任，其办事机构设在同级的劳动行政主管部门。

3. 人民法院

人民法院是国家审判机关，也担负着处理劳动争议的任务。劳动争议当事人对仲裁委员会的裁决不服、进行起诉的案件，人民法院民事审判庭负责受理。

六、在我国，处理劳动争议的程序是什么？

《中华人民共和国劳动法》和《中华人民共和国企业劳动争议处理条例》规定，我国劳动争议处理实行"一调一裁两审"的体制。即劳动争议发生后，当事人可以向本单位劳动争议调解委员会申请调解；当事人不愿调解或调解不成的，可以在劳动争议发生之日起60日内向劳动争议仲裁委员会申请仲裁；对仲裁裁决不服的，当事人可在收到仲裁裁决书之日起15日内向人民法院起诉；若当事人在规定的期限内不起诉，又不履行仲裁裁决的，另一方当事人可以申请人民法院强制执行。

七、哪些劳动争议可以申请调解和仲裁？

（1）因确认劳动关系发生的争议；

（2）因订立、履行、变更、解除和终止劳动合同发生的争议；

（3）因除名、辞退和辞职、离职发生的争议；

（4）因工作时间、休息休假、社会保险、福利、培训以及劳动保护发生的争议；

（5）因劳动报酬、工伤医疗费、经济补偿或者赔偿金等发生的争议；

（6）法律、法规规定的其他劳动争议。

八、应由谁来承担劳动争议仲裁费用？

争议仲裁费分为案件受理费和案件处理费两种。其中受理费标准按国家有关规定执行，由申诉人在仲裁委员会决定立案时预付。处理费主要包括差旅费、勘验费、鉴定费、证人误工补助、文书表册印制费等。处理费由双方当事人在收到案件受理通知书和申诉书副本后5日内预付。案件经仲裁委员会调解达成协议的，仲裁费的负担由双方当事人协商解决。案件经仲裁委员会仲裁的，仲裁费由败诉方承担。双方部分败诉的，由双方当事人承担。当事人撤诉的，全部费用由撤诉方承担。仲裁委员会对职工当事人缴纳仲裁费有困难的，可以减缓、免缴费用。

九、不经过劳动争议仲裁，当事人可以直接提起劳动争议诉讼吗？

根据《中华人民共和国劳动法》第三条规定："劳动者享有

平等就业和选择职业的权利、取得劳动报酬的权利、休息休假的权利、获得劳动安全卫生保护的权利、接受职业技能培训的权利、享受社会保险和福利的权利、提请劳动争议处理的权利以及法律规定的其他劳动权利。"劳动者遇到工伤或者其他劳动纠纷，应首先向劳动仲裁部门申请仲裁，申请仲裁的期限为 60 日，人民法院按照先裁后审的原则，对没有经过申请劳动仲裁的劳动纠纷一般不予受理，已经受理的，在查明事实后，裁定驳回起诉。

十、具备哪些条件方可提起劳动争议诉讼？

根据我国民事和劳动法律、法规的规定，当事人提起劳动争议诉讼，必须具备以下条件。

（1）起诉人（即原告）必须是不服劳动争议仲裁裁决的一方或双方当事人；被告必须是劳动争议的对方当事人，即侵害原告合法劳动权益的用人单位或劳动者。值得注意的是，仲裁委员会或劳动行政部门不能作为劳动争议诉讼的被告或第三人。

（2）必须是对劳动争议仲裁裁决不服的。根据《中华人民共和国劳动法》和《中华人民共和国企业劳动争议处理条例》规定，劳动争议处理实行仲裁前置程序，当事人一方或双方不能就劳动争议直接向人民法院起诉；只有经劳动争议仲裁机构依法裁决且对裁决不服的，当事人才能向人民法院提起诉讼。

（3）必须在法律规定的时效期限内提起诉讼。即当事人对仲裁裁决不服的，应自收到仲裁裁决书之日起 15 日内向有管辖权的人民法院起诉。如因不可抗拒等原因造成逾期，则应向人民法院提供有关证据，说明原因。

（4）必须有具体的诉讼请求，即原告要求通过诉讼解决哪些问题。

（5）必须有事实根据和充分的理由，即能支持原告诉讼请求的一切证据材料和法律依据。根据《中华人民共和国民事诉讼法》的规定，劳动争议诉讼适用"谁主张，谁举证"的原则；但在某些特殊情况下，如企业开除、除名、辞退职工，但不给职工通知书或证明书等情况，应适用"谁决定，谁举证"的原则，由用人单位负举证责任。

具备上述条件的当事人，就可以向人民法院提起劳动争议程序，当事人一方或双方不能就劳动争议直接向人民法院起诉；只有经劳动争议仲裁机构依法裁决且对裁决不服的，当事人才能向人民法院提起诉讼。同样值得注意的是，当事人如果在劳动争议仲裁机构的主持下达成调解协议且仲裁调解书已经送达双方当事人的，则当事人也无权再向人民法院提起诉讼。

十一、用人单位拒绝执行劳动争议仲裁裁决怎么办？

劳动争议一方当事人，在对方拒绝履行生效的法律文书的情况下，职工可依法申请人民法院强制执行。所谓强制执行，是指人民法院依照法律规定的程序，对已经发生法律效力的法律文书确定的内容，运用强制手段强制义务人履行义务的行为。强制执行对于维护当事人的合法权益和法律权威具有十分重要的意义。

1. 劳动争议案件执行的依据

劳动争议案件执行的依据主要包括两部分：一是劳动争议仲裁机构制作且生效的仲裁调解书、裁决书、决定书等；二是人民法院制作且生效的民事调解书、判决书，以及先予执行、财产保全等民事裁定书。值得注意的是，根据最高人民法院《关于劳动争议仲裁委员会的复议仲裁决定书可否作为执行依据问题的批复》（法复〔1996〕10号）精神，劳动争议仲裁委员会依照监督程序对确有错误的仲裁决定书重新仲裁而作出的复议仲裁决定书，也可以作为人民法院强制执行的依据。

2. 劳动争议案件执行的对象

根据《中华人民共和国民事诉讼法》的规定和劳动争议的具体特点，劳动争议案件的执行对象有：职工的工资、其他劳动报酬和津贴；职工的社会保险待遇和其他福利待遇；企业或职工违反劳动合同或其他劳动法律、法规和政策给对方造成的经济损失；用人单位解除职工劳动合同应支付的经济补偿；生效的法律文书确定企业奖惩职工错误，企业应予纠正的行为等。

3. 申请执行的期限

根据《中华人民共和国民事诉讼法》规定，申请执行的期限为 2 年。申请执行时效的中止、中断，适用法律有关诉讼时效中止、中断的规定。

4. 强制执行的措施

《中华人民共和国民事诉讼法》规定了法院强制执行主要有九种措施。但对于劳动争议案件来说，可执行的主要措施有：查询、冻结、划拨被执行人的储蓄存款；扣留、提取被执行人的收入；强制执行法律文书中指定的行为等。

十二、劳动争议仲裁申请书的内容有哪些？

根据《中华人民共和国劳动争议调解仲裁法》第二十八条的规定，申请人申请仲裁应当提交书面仲裁申请，并按照被申请人人数提交副本。仲裁申请书应当载明下列事项。

（1）劳动者的姓名、性别、年龄、职业、工作单位和住所，用人单位的名称、住所和法定代表人或者主要负责人的姓名、职务。

（2）仲裁请求和所根据的事实、理由。

（3）证据和证据来源、证人姓名和住所。书写仲裁申请确有困难的，可以口头申请，由劳动争议仲裁委员会记入笔录，并告知对方当事人。

十三、仲裁庭在作出裁决前是否应当先行调解?

《中华人民共和国劳动争议调解仲裁法》第四十二条规定,仲裁庭在作出裁决前,应当先行调解。调解达成协议的,仲裁庭应当制作调解书。调解书应当写明仲裁请求和当事人协议的结果。调解书由仲裁员签名,加盖劳动争议仲裁委员会印章,送达双方当事人。调解书经双方当事人签收后,发生法律效力。调解不成或者调解书送达前,一方当事人反悔的,仲裁庭应当及时作出裁决。

十四、劳动争议案件的仲裁期限是多长?

根据《中华人民共和国劳动争议调解仲裁法》第四十三条的规定,仲裁庭裁决劳动争议案件,应当自劳动争议仲裁委员会受理仲裁申请之日起45日内结束。案情复杂需要延期的,经劳动争议仲裁委员会主任批准,可以延期并书面通知当事人,但是延长期限不得超过15日。逾期未作出仲裁裁决的,当事人可以就该劳动争议事项向人民法院提起诉讼。仲裁庭裁决劳动争议案件时,其中一部分事实已经清楚,可以就该部分先行裁决。

十五、具备哪些特征的争议可以申请 劳动争议仲裁?

并不是所有发生在劳动者与用人单位间的争议都可以申请劳动争议仲裁。可申请劳动争议仲裁的一般限于下列争议。

(1)因企业开除、除名、辞退职工和职工辞职、自动离职发生的争议;

(2)因执行国家有关工资、保险、福利、培训、劳动保护的规定发生的争议；

(3) 因履行劳动合同发生的争议；

(4) 法律、法规规定的其他劳动争议。

十六、当事人应当向哪个劳动争议仲裁委员会申请仲裁？

一般情况下，当事人应向用人单位所在地的县、市、市辖区劳动争议仲裁委员会申请劳动争议仲裁。这是指劳动争议案件的一般地域管辖，体现就地及时处理争议的原则。但一些重大案件就需由市或省劳动争议仲裁委员会受理，具体各地劳动争议仲裁委员会的受案范围由各省级人民政府规定。比如，有的省规定，省劳动争议仲裁委员会受理中央和省属单位以及在全省有重大影响的劳动争议案件，市劳动争议仲裁委员会受理市属单位以及在全市有重大影响的劳动争议案件，其他争议案件则由县级劳动争议仲裁委员会受理。

管辖权有争议的案件由上级仲裁机构指定。

十七、在劳动争议仲裁程序中，对于劳动者要求先行给付被拖欠的工资或医疗费，应如何裁决？

在劳动争议仲裁实践中，经常遇到一些劳动者因为急需用人单位给付被拖欠的工资或医疗费，而请求劳动争议仲裁委员会在处理过程中要求用人单位先行给付。对这种情况，劳动争议仲裁委员会经过初步审理后，可以采用"部分裁决"的形式裁决企业支付职工工资和医疗费。这样规定能够及时维护职工的合法权益。具体情形包括：

(1) 企业无故拖欠、扣罚或停发工资超过 3 个月，致使职工生活确无基本保障的；

（2）职工因工负伤，企业不支付急需的医疗费的；

（3）职工患病，在规定的医疗期内，企业不支付急需的医疗费的。

企业如不执行，职工可以申请人民法院强制执行。对劳动争议案件的其他问题，劳动争议仲裁委员会继续审理。

当事人不得单独就部分裁决向人民法院起诉。

十八、如何处理当事人拒不履行仲裁委员会的调解书和裁决书？

调解书自送达当事人之日起即具有法律效力。当事人对裁决书在十五日内未起诉的，期满后裁决书发生法律效力。当事人对发生法律效力的调解书和裁决书，应当依照规定的期限履行。一方当事人逾期不履行的，另一方当事人可以申请人民法院强制执行。人民法院依照《中华人民共和国民事诉讼法》规定的执行程序办理。在执行中，对于企业拒绝支付劳动者工资报酬或者不给福利待遇的，人民法院可按《中华人民共和国民事诉讼法》的有关规定，通知银行或者信用社扣划应付的工资和应享受的福利待遇。

第七章　法律援助

一、何为法律援助？

　　法律援助是一项法律制度，体现为国家对某些经济困难或特殊案件的当事人给予免收法律服务费用提供法律帮助。它是我国贯彻"公民在法律面前一律平等"的《中华人民共和国宪法》原则，保障公民享受平等公正的法律保护、完善社会保障制度、健全人权保障机制的一项新的重要法律制度。我国的法律援助制度始建于 1994 年。1996 年《中华人民共和国刑事诉讼法》、2001 年《中华人民共和国律师法》等法律都对法律援助制度作了明确规定，为这一制度的建立和实施奠定了法律基础。2003年 7 月 16 日，国务院第 15 次常务会议通过了《法律援助条例》（中华人民共和国国务院令第 385 号），并已经自 2003 年 9 月 1日起施行。这是规范我国法律援助工作的第一部行政法规。

二、何为法律援助机构？

　　《法律援助条例》规定，法律援助机构是由直辖市、设区的市和县级人民政府司法行政部门设立的负责受理、审查法律援助申请，指派或者安排人员为符合本条例规定的公民提供法律援助的法定专门机构，即在当地司法行政部门的监督管理下，代表当地政府负责组织实施法律援助工作的专门机构。目前大多数地方将其称之为"××市或××县法律援助中心"。暂未设立法律援助中心的区县，由各区县司法局指定职能部门代行组织实施法律援助的职责。

三、符合哪些条件才可获得法律援助?

公民提出法律援助申请应当符合两个最基本的条件。

(1)《法律援助条例》第十一条、第十二条规定的法律援助事由,属于可以申请法律援助的法定范围和有合理的理由,即案件必须符合规定的条件。

第十一条规定,刑事诉讼中有下列情形之一的,公民可以向法律援助机构申请法律援助。

①犯罪嫌疑人在被侦查机关第一次讯问后或者采取强制措施之日起,因经济困难没有聘请律师的;

②公诉案件中的被害人及其法定代理人或者近亲属,自案件移送审查起诉之日起,因经济困难没有委托诉讼代理人的;

③自诉案件的自诉人及其法定代理人,自案件被人民法院受理之日起,因经济困难没有委托诉讼代理人的。

第十二条规定,公诉人出庭公诉的案件,被告人因经济困难或者其他原因没有委托辩护人,人民法院为被告人指定辩护时,法律援助机构应当提供法律援助。

被告人是盲、聋、哑人或者未成年人而没有委托辩护人的,或者被告人可能被判处死刑而没有委托辩护人的,人民法院为被告人指定辩护时,法律援助机构应当提供法律援助,无须对被告人进行经济状况的审查。

(2)因经济困难无力支付法律服务费用,即申请人必须符合经济困难的条件。这也是世界各国的通行做法。后一个条件所涉及的经济困难的标准,《法律援助条例》已授权各省、自治区、直辖市人民政府根据本行政区域经济发展状况和法律援助事业的需要规定,目前,各地一般是根据当地政府所规定的最低生活保障线标准来衡量。只要符合这两个条件的,都可以到当地法律援助机构申请并获得法律援助。

四、公民可以就哪些事项申请法律援助?

根据《法律援助条例》第十条的规定,在民事和行政案件中,公民对下列需要代理的事项,因经济困难没有委托代理人的,可以向法律援助机构申请法律援助。

(1) 依法请求国家赔偿的;

(2) 请求给予社会保险待遇或者最低生活保障待遇的;

(3) 请求发给抚恤金、救济金的;

(4) 请求给付赡养费、抚养费、扶养费的;

(5) 请求支付劳动报酬的;

(6) 主张因见义勇为行为产生的民事权益的。

省、自治区、直辖市人民政府根据《法律援助条例》的授权在上述六项规定范围之外补充规定的法律援助事项。

五、法律援助有哪些形式?

法律援助的形式有:法律咨询,代拟法律文书;刑事辩护和刑事代理;民事、行政诉讼代理;非诉讼法律事务代理;公证证明;其他形式的法律服务。

六、公民申请法律援助应该按照哪些规定提出?

根据《法律援助条例》的规定,公民申请法律援助应当按照下列规定提出。

(1) 请求国家赔偿的,向赔偿义务机关所在地的法律援助机构提出申请;

(2) 请求给予社会保险待遇、最低生活保障待遇或者请求发给抚恤金、救济金的，向提供社会保险待遇、最低生活保障待遇或者发给抚恤金、救济金的义务机关所在地的法律援助机构提出申请；

（3）请求给付赡养费、抚养费、扶养费的，向给付赡养费、抚养费、扶养费的义务人住所地的法律援助机构提出申请；

（4）请求支付劳动报酬的，向支付劳动报酬的义务人住所地的法律援助机构提出申请；

（5）主张因见义勇为行为产生的民事权益的，向被请求人住所地的法律援助机构提出申请。

七、公民应该到什么机构去申请法律援助?

《法律援助条例》所列人员申请法律援助的，应当向审理案件的人民法院所在地的法律援助机构提出申请。被羁押的犯罪嫌疑人的申请由看守所在 24 小时内转交法律援助机构，申请法律援助所需提交的有关证件、证明材料由看守所通知申请人的法定代理人或者近亲属协助提供。

八、申请法律援助应该提交哪些证明材料?

公民申请代理、刑事辩护的法律援助应当提交下列证件、证明材料。

（1）身份证或者其他有效的身份证明，代理申请人还应当提交有代理权的证明。

（2）经济困难的证明。

（3）与所申请法律援助事项有关的案件材料。

申请应当采用书面形式，填写申请表；以书面形式提出申请确有困难的，可以口头申请，由法律援助机构工作人员或者代为转交申请的有关机构工作人员做书面记录。

　　法律援助机构收到法律援助申请后，应当进行审查；认为申请人提交的证件、证明材料不齐全的，可以要求申请人作出必要的补充或者说明，申请人未按要求作出补充或者说明的，视为撤销申请；认为申请人提交的证件、证明材料需要查证的，由法律援助机构向有关机关、单位查证。对符合法律援助条件的，法律援助机构应当及时决定提供法律援助；对不符合法律援助条件的，应当书面告知申请人理由。

九、无民事行为能力人或者限制民事行为能力人如何申请法律援助？

　　申请人为无民事行为能力人或者限制民事行为能力人的，由其法定代理人代为提出申请。无民事行为能力人或者限制民事行为能力人与其法定代理人之间发生诉讼或者因其他利益纠纷需要法律援助的，由与该争议事项无利害关系的其他法定代理人代为提出申请。

十、申请人不服法律援助机构作出的不符合法律援助条件的通知时如何处理？

　　申请人对法律援助机构作出的不符合法律援助条件的通知有异议的，可以向确定该法律援助机构的司法行政部门提出，司法行政部门应当在收到异议之日起 5 个工作日内进行审查，经审查认为申请人符合法律援助条件的，应当以书面形式责令法律援助机构及时对该申请人提供法律援助。

十一、什么情况下法律援助机构会终止对 申请人的法律援助？

《法律援助条例》第二十三条规定，办理法律援助案件的人员遇有下列情形之一的，应当向法律援助机构报告，法律援助机构经审查核实的，应当终止该项法律援助。

（1）受援人的经济收入状况发生变化，不再符合法律援助条件的；

（2）案件终止审理或者已被撤销的；

（3）受援人又自行委托律师或者其他代理人的；

（4）受援人要求终止法律援助的。

十二、对于法律援助机构安排的法律援助案件， 律师事务所是否可以拒收？

《法律援助条例》规定，法律援助机构可以指派律师事务所安排律师或者安排本机构的工作人员办理法律援助案件。律师事务所拒绝法律援助机构的指派，不安排本所律师办理法律援助案件的，司法行政部门给予警告、责令改正；情节严重的，给予1个月以上3个月以下停业整顿的处罚。相同的处罚也适用于律师无正当理由拒绝接受、擅自终止法律援助案件和办理法律援助案件收取财物的情形。

十三、受援人享有哪些权利和应履行哪些义务？

受援人享有下列权利。

（1）可以了解为其提供法律援助活动的进展情况。

（2）有事实证明法律援助承办人员未适当履行职责的，可以要求更换承办人。

（3）可以申请有利害冲突的法律援助审批人员回避。受援人应履行下列义务。

①如实提供能证明维护自己合法权益的事实和相关材料及足以证明经济困难，确需免收法律服务费用的证明材料；

②给法律援助人员提供必要的合作。

十四、何为劳动保障监察？

劳动保障监察是劳动保障行政机关依法对用人单位遵守劳动保障法律、法规的情况进行监督检查，发现和纠正违法行为，并对违法行为依法进行行政处理或行政处罚的行政执法活动。实施劳动保障监察对于促进劳动保障法律和法规贯彻实施、监控劳动力市场秩序、维护劳动关系双方当事人合法权益以及推动劳动保障部门依法行政都具有十分重要的意义。

十五、劳动保障监察的主要职能是什么？

劳动保障监察的主要职能是监督国家法定的劳动标准和事项以及社会保险规定的执行情况。如用人单位遵守录用和招聘职工规定的情况、遵守有关劳动合同规定的情况、遵守女职工和未成年工特殊劳动保护规定的情况、遵守工资支付规定的情况、遵守社会保险规定的情况、用人单位制定的劳动规章制度是否合法等。

如果劳动者认为用人单位侵犯了自己的合法权益，可以向劳动保障监察机构举报。

十六、对于用人单位违反劳动保障法律、法规的行为，应如何举报？

任何组织和个人对于违反劳动保障法律、法规的行为都有权检举和控告。举报可以采取口述举报、电话举报、信函举报等形式。凡符合规定的举报，劳动保障行政部门在 7 日内立案受理。不符合规定受理范围的举报，告知举报人向有处理权的机关反映。举报人有权要求告知举报的受理和查处结果。

劳动保障监察机构和监察员有义务保护举报人，为举报人保密。

十七、怎样做好对农民工的法律服务和法律援助工作？

《国务院关于解决农民工问题的若干意见》规定，要把农民工列为法律援助的重点对象。对农民工申请法律援助，要简化程序，快速办理。对申请支付劳动报酬和工伤赔偿法律援助的，不再审查其经济困难条件。有关行政机关和行业协会应引导法律服务机构和从业人员积极参与涉及农民工的诉讼活动、非诉讼协调及调解活动，鼓励和支持律师和相关法律从业人员接受农民工委托，并对经济确有困难而又达不到法律援助条件的农民工适当减少或免除律师费。政府要根据实际情况安排一定的法律援助资金，为农民工获得法律援助提供必要的经费支持。

十八、针对建设领域拖欠工程款和农民工工资现象，怎样提供法律服务？

司法部、建设部于 2004 年 11 月 6 日出台《关于为解决建设领域拖欠工程款和农民工工资问题提供法律服务和法律援助的通知》规定，司法行政机关要引导和发动法律服务人员，积极参与建设领域纠纷当事人之间的非诉讼协商、调解活动。使拖欠工程款问题尽可能通过非诉讼方式得到妥善解决。对确有需通过诉讼方式解决的案件，鼓励和支持律师接受农民工委托，代理其参加诉讼或与相关单位进行协商、达成和解；对于经济确有困难又达不到法律援助条件的农民工，可以适当减少或免除律师费。法律服务机构应对此类案件建立质量监督机制。在受理、办理、结案等环节建立案件质量的量化标准，完善监督检查措施，确保办案质量。对群体性农民工案件及其他重大、疑难案件要建立集体讨论制度。司法行政机关对法律服务机构代理农民工案件，要加强管理，跟踪指导，采取收集各方反馈意见、出庭旁听、抽查卷宗、检查评比等办法，努力保证农民工都能得到优质高效的法律服务。

十九、法律援助机构应怎样为农民工提供法律援助？

《关于为解决建设领域拖欠工程款和农民工工资问题提供法律服务和法律援助的通知》规定，各地法律援助机构要通过采取各项措施，保障农民工及时获得法律援助。

要提高法律援助工作的便民化程度，依托城市社区、乡镇街道司法所，或者通过与当地建设、劳动与社会保障等行政部门联合成立法律援助工作站，保证农民工就近快捷地申请和获得法律援助。

应加强日常管理，严格值班制度，在农民工较集中的地区，可实行双休日值班制度；在有条件的地方设立农民工接待室，指定专人负责农民工申请法律援助的接待工作；建立绿色通道，优先接待群体性案件的农民工和因工致残的农民工。

对农民工申请法律援助的审查，要简化程序，快速办理。对于符合法律援助条件的，要尽快办理有关手续并指派法律服务人员；对申请事项不属于法律援助范围的，应指引申请人去相关机构处理，不得推诿；对确因情况特殊无法提供身份证明或者经济困难证明的农民工，有事实证明为保障自己的合法权益需要法律援助，情况紧急，不及时处理有可能引发严重事件，或者遇到即将超过仲裁时效或诉讼时效的，或者属于涉及人数众多的群体性案件，法律援助机构可暂不进行经济困难条件审查，及时受理并先行指派法律服务人员提供法律援助，允许受援人事后补交有关证明材料，保证农民工获得及时的法律援助。

二十、法律援助机构在为农民工提供法律援助方面应怎样完善工作机制？

《关于为解决建设领域拖欠工程款和农民工工资问题提供法律服务和法律援助的通知》规定：

（1）法律援助机构要加强对《法律援助条例》的宣传，使农民工了解法律援助的对象、条件、范围和申请程序，提高他们运用法律手段进行维权的意识和能力。在农民工较为集中的地区，要定期或者不定期组织开展法律咨询活动，解答农民工提出的法律问题。

（2）要争取社会支持，加强与工会、共青团、妇联、残联等社会团体和组织的合作和协商，发挥他们在维护农民工合法权益方面的行业优势。开展法律援助志愿者活动，鼓励社会力量为经济困难的农民工提供帮助。

（3）中国法律援助基金会要积极为农民工法律援助工作提供资金支持。

二十一、对于提高农民工依法维权的
能力，我国法律有何规定？

《关于进一步解决拖欠农民工工资问题的通知》规定，各地区要采取灵活多样的形式，继续加强普法宣传工作，提高用人单位的法律意识和农民工的依法维权能力。具体办法如下。

（1）逐步推广农民外出务工岗前、行前法制培训。选择农村劳动力输出大省进行农民外出务工行前法制培训试点，完善包括农民工工资权益在内的培训内容。

（2）坚持输入地、输出地并重的原则，加强用人单位和农民工的法制宣传教育工作。各地区要以维护农民工工资权益为宣传重点，通过新闻报道、政策咨询等多种方式，强化社会各方面维护农民工权益的意识。

（3）建立劳动保障权益告示牌制度。各级劳动保障行政部门会同建设等部门，要求辖区内所有招用农民工较多的企业，尤其是建筑工地，以醒目的方式树立劳动保障权益告示牌，将企业应与农民工签订劳动合同、农民工工资应按月发放、当地最低工资标准以及劳动保障监察举报电话和地址等内容进行公开告示。

（4）发挥新闻媒体的宣传和监督作用。对拖欠农民工工资的用人单位，也要通过当地新闻媒体予以曝光，使违法者受到公众谴责，并教育和警示其他可能违反劳动保障法律、法规的用人单位。

二十二、怎样保障农民工子女平等
接受义务教育？

输入地政府要承担起农民工同住子女义务教育的责任，将农民工子女义务教育纳入当地教育发展规划，列入教育经费预算，以全日制公办中小学为主接收农民工子女入学，并按照实际在校人数拨付学校公用经费。城市公办学校对农民工子女接受义务教育要与当地学生在收费、管理等方面同等对待，不得违反国家规定向农民工子女加收借读费及其他任何费用。输入地政府对委托承担农民工子女义务教育的民办学校，要在办学经费、师资培训等方面给予支持和指导，提高办学质量。输出地政府要解决好农民工托留在农村子女的教育问题。

二十三、怎样健全维护农民工权益的保障机制？

1. 保障农民工依法享有的民主政治权利

招用农民工的单位，职工代表大会要有农民工代表，保障农民工参与企业民主管理权利。农民工户籍所在地的村民委员会，在组织换届选举或决定涉及农民工权益的重大事务时，应及时通知农民工，并通过适当方式行使民主权利。有关部门和单位在评定技术职称、晋升职务、评选劳动模范和先进工作者等方面，要将农民工与城镇职工同等看待。依法保障农民工人身自由和人格尊严，严禁打骂、侮辱农民工的非法行为。

2. 深化户籍管理制度改革

逐步地、有条件地解决长期在城市就业和居住农民工的户籍问题。中小城市和小城镇要适当放宽农民工落户条件；大城市要积极稳妥地解决符合条件的农民工户籍问题，对农民工中的劳动模范、先进工作者和高级技工、技师以及其他有突出贡献者，应优先准予落户。具体落户条件，由各地根据城市规划和实际情况自行制定。改进农民工居住登记管理办法。

3. 保护农民工土地承包权益

土地不仅是农民的生产资料，也是他们的生活保障。要坚持农村基本经营制度，稳定和完善农村土地承包关系，保障农民工土地承包权益。不得以农民进城务工为由收回承包地，纠正违法收回农民工承包地的行为。农民外出务工期间，所承包土地无力耕种的，可委托代耕或通过转包、出租、转让等形式流转土地经营权，但不能撂荒。农民工土地承包经营权流转，要坚持依法、自愿、有偿的原则，任何组织和个人不得强制或限制，也不得截留、扣缴或以其他方式侵占土地流转收益。

4. 加大维护农民工权益的执法力度

强化劳动保障监察执法，加强劳动保障监察队伍建设，完善日常巡视检查制度和责任制度，依法严厉查处用人单位侵犯农民工权益的违法行为。健全农民工维权举报投诉制度，有关部门要认真受理农民工举报投诉并及时调查处理。加强和改进劳动争议调解、仲裁工作。对农民工申诉的劳动争议案件，要简化程序、加快审理，涉及劳动报酬、工伤待遇的要优先审理。起草、制定和完善维护农民工权益的法律法规。

5. 做好对农民工的法律服务和法律援助工作

要把农民工列为法律援助的重点对象。对农民工申请法律援助，要简化程序，快速办理。对申请支付劳动报酬和工伤赔偿法律援助的，不再审查其经济困难条件。有关行政机关和行业协会应引导法律服务机构和从业人员积极参与涉及农民工的诉讼活动、非诉讼协调及调解活动。鼓励和支持律师和相关法律从业人员接受农民工委托，并对经济确有困难而又达不到法律援助条件的农民工适当减少或免除律师费。政府要根据实际情况安排一定的法律援助资金，为农民工获得法律援助提供必要的经费支持。

6. 强化工会维护农民工权益的作用

用人单位要依法保障农民工参加工会的权利。各级工会要以劳动合同、劳动工资、劳动条件和职业安全卫生为重点，督促用人单位履行法律法规规定的义务，维护农民工合法权益。充分发挥工会劳动保护监督检查的作用，完善群众性劳动保护监督检查制度，加强对安全生产的群众监督。同时，充分发挥共青团、妇联组织在农民工维权工作中的作用。

第八章　职业教育

一、何为职业培训?

职业培训是一种按照不同职业岗位的要求对接受培训的人员进行职业知识与实际技能培养和训练的职业教育活动,其目的是为了适应就业和转换职业的需要,把从业人员培养成为具有一定文化知识和技术素质的合格的劳动者,把具备一定职业经历的人训练成适应新技术要求或新的职业岗位需要的劳动者。

二、我国规范职业培训的法律有哪些?

1995 年 1 月 1 日实施的《中华人民共和国劳动法》在总则中规定,国家采取各种措施,促进劳动就业,发展职业教育,劳动者应提高职业技能。同时规定了国家、各级人民政府、用人单位和劳动者对发展职业培训的具体责任。

1996 年 9 月 1 日实施的《中华人民共和国职业教育法》,明确了各级各类职业学校教育和各种形式的职业培训并举的职业教育体系,确立了职业教育多元化办学发展方针,提供了发展职业教育的保障条件,是一部全面规范职业教育活动的法律。

三、职业培训的种类包括哪些?

职业培训的种类包括就业前培训、劳动预备制度培训、再就业培训和企业职工培训等,依据职业标准,培训的层次分为初级、中级、高级、技师、高级技师职业资格培训和其他适应性培训。培训工作主要由技工学校、就业训练中心以及其他各级各类职业培训机构承担。

四、职业培训机构包括哪些?

职业培训机构包括由各级劳动保障部门管理的就业训练中心、技工学校,行业部门以及企业举办的职业培训机构,事业单位、社会团体和个人举办的承担职业培训任务的其他培训机构。

五、怎样引导农民工全面提高自身素质?

《国务院关于解决农民工问题的若干意见》中对引导农民工全面提高自身素质作了相关规定。

(1)要引导和组织农民工自觉接受就业和创业培训,接受职业技术教育,提高科学技术文化水平,提高就业、创业能力。要在农民工中开展普法宣传教育,引导他们增强法制观念,知法守法,学会利用法律、通过合法渠道维护自身权益。

(2)开展职业道德和社会公德教育,引导他们爱岗敬业、诚实守信,遵守职业行为准则和社会公共道德。

(3)开展精神文明创建活动,引导农民工遵守交通规则、爱护公共环境、讲究文明礼貌,培养科学文明健康的生活方式。

(4)进城就业的农民工要努力适应城市工作、生活的新要求,遵守城市公共秩序和管理规定,履行应尽义务。

六、加强农民工职业技能培训的措施有哪些?

《国务院关于解决农民工问题的若干意见》规定,各地要适应工业化、城镇化和农村劳动力转移就业的需要,大力开展农民工职业技能培训和引导性培训，提高农民转移就业能力和外出适应能力。扩大农村劳动力转移培训规模，提高培训质量。继续实施好农村劳动力转移培训阳光工程。完善农民工培训补贴办法，对参加培训的农民工给予适当培训费补贴。推广"培训券"等直接补贴的做法。充分利用广播电视和远程教育等现代手段，向农民传授外出就业基本知识。重视抓好贫困地区农村劳动力转移培训工作。支持用人单位建立稳定的劳务培训基地，发展订单式培训。输入地要把提高农民工岗位技能纳入当地职业培训计划。要研究制定鼓励农民工参加职业技能鉴定、获取国家职业资格证书的政策。

七、怎样完善和落实农民工的培训责任？

《国务院关于解决农民工问题的若干意见》规定：完善并认真落实全国农民工培训规划。劳动保障、农业、教育、科技、建设、财政、扶贫等部门要按照各自职能，切实做好农民工培训工作。强化用人单位对农民工的岗位培训责任，对不履行培训义务的用人单位，应按国家规定强制提取职工教育培训费，用于政府组织的培训。充分发挥各类教育、培训机构和工青妇组织的作用，多渠道、多层次、多形式开展农民工职业培训。建立由政府、用人单位和个人共同负担的农民工培训投入机制，中央和地方各级财政要加大支持力度。

八、对农民工的培训工作如何做到规范化？

《国务院办公厅关于做好农民进城务工就业管理和服务工作的通知》规定，各地区、各有关部门应把农民工的培训工作作为一项重要任务来抓，结合实际，制定专门的培训计划，提高农民工素质。输出地政府在组织劳务输出时，要搞好农民工外出前的基本权益保护、法律知识、城市生活常识、寻找就业岗位等方面的培训，提高农民工遵守法律法规和依法维护权益的意识。输出地和输入地政府要充分利用全社会现有的教育资源，委托具备一定资格条件的各类职业培训机构为农民工提供形式多样的培训。为农民工提供的劳动技能性培训服务，应坚持自愿原则，由农民工自行选择并承担费用，政府可给予适当补贴。用人单位应对所招用的农民工进行必要的岗位技能和生产安全培训。劳动保障、教育等有关部门要对各类培训机构加强监督和规范，严禁借培训之名，对农民工乱收费。

九、政府引导和鼓励农民工参加职业教育和培训的措施是什么？

地方各级政府要采取积极措施，引导和鼓励农民工自主参加职业教育和培训，鼓励用人单位、各类教育培训机构和社会力量开展农民工职业技能培训。要充分发挥各级劳动保障、农业、教育、科技、建设等职能部门和农村基层组织的优势，充分动员和利用社会各方面的职业教育培训资源，积极引导、鼓励和组织准备进城务工的农民参加职业技能和安全生产知识培训。继续实施好《2003～2010 年全国农民工培训规划》，鼓励农民工自愿参加职业技能鉴定，对鉴定合格者颁发国家统一的职业资格证书。职业技能鉴定要尊重农民工意愿，任何单位不得强制农民工参加收费鉴定。农民工培训经费由政府、用人单位和农民工个人共同负担。各级财政要在财政支出中安排专项经费扶持农民工职业技能培训工作，用于补助农民工培训的经费要专款专用，要让农民工直接受益。

十、在农民工培训方面应做好哪些工作?

《建设部关于贯彻〈国务院办公厅关于做好农民进城务工就业管理和服务工作的通知〉的通知》规定,各地建设行政主管部门要把农民工培训工作作为一项重要任务来抓,制定具体培训计划,贯彻落实生产操作人员持证上岗制度。输出地和输入地要充分利用职业学校和职业培训机构,给农民工提供优惠条件,开展多种形式的岗前职业技能培训和安全知识培训,取得相应的岗位资格证书,提高其就业能力。用人单位对农民工要进行上岗前的技能培训以及安全知识培训,保证农民工掌握必要的劳动技能、劳动安全和劳动保护常识,取得岗位资格证书者,方可允许上岗。

在对农民工进行职业技能培训的同时,还要加强对农民工法律、法规的培训,提高农民工依法维护自身合法权益的意识和能力,避免因拖欠工资而采取过激行为。

十一、建筑行业抓好农民工培训和 教育的措施有哪些?

《建设部、国家发展和改革委员会、财政部、劳动和社会保障部、商务部、国务院国有资产监督管理委员会关于加快建筑业改革与发展的若干意见》规定,提高农民工生产操作技能是保证工程质量和安全生产的根本措施。农民工输出地政府要按照国务院办公厅转发的《2003~2010年全国农民工培训规划》,将拟进入建筑业的农村劳动力纳入"农村劳动力转移培训阳光工程",加强组织协调,落实资金、师资和培训基地,因地制宜搞好农民工培训;严禁未经必要的操作技能和安全生产知识培训的农民工上岗。

十二、如何抓住对农村富余劳动力 转业培训的重点?

《农业部关于做好农村富余劳动力转移就业服务工作的意见》规定,农村富余劳动力转业培训要以提高职业技能为重点,重点突出3方面内容。

(1)职业技能培训。区分不同行业、不同工种、不同岗位,对外出就业的农村劳动力进行基本技能和技术操作规程的培训。有条件的地方,可为农村劳动力中的技术能手和业务骨干提供脱产培训机会。

(2)安全常识和公民道德规范培训。主要是安全生产、公共交通规则等常识,增强他们预防和处理不测事件的能力。教育进城的农村劳动力养成良好的道德规范,树立建设城市、爱护城市、保护环境、遵纪守法、文明礼貌的社会公德。

(3)政策、法律、法规知识培训。帮助外出就业的农村富余劳动力及时了解有关务工经商、投资创业以及回乡创业等方面的政策和规定,熟悉《中华人民共和国劳动法》《中华人民共和国安全生产法》《中华人民共和国职业病防治法》《中华人民共和国消费者权益保护法》《中华人民共和国农村土地承包法》《中华人民共和国治安管理处罚法》等法律、法规,增强遵纪守法意识,保护自身合法权益。

十三、可以采取哪些形式开展农村 富余劳动力转业培训?

《农业部关于做好农村富余劳动力转移就业服务工作的意见》规定,开展农村富余劳动力转业培训,可以多渠道、多形式。可以利用广播、电视等远程教育方式,可以办短期培训班,可以办专题讲座，可以开办夜校等。要充分利用现有农村中小学、中等农业学校、农业广播学校、农业技术推广中心和培训中心等各类学校、培训机构现有的培训场所、设备、师资等资源。各地在实施"绿色证书工程"和"跨世纪青年农民科技培训工程"时，要注重安排农村富余劳动力转移培训的内容。在培训的基础上，积极探索职业培训与劳动力转移的衔接机制，努力把技能培训、就业介绍、就业后服务管理融为一体。鼓励各类培训机构与劳务市场和用工单位签订合同，进行定向培训。

十四、如何大力发展面向农村的职业教育？

《国务院关于解决农民工问题的若干意见》规定，农村初、高中毕业生是我国产业工人的后备军，要把提高他们的职业技能作为职业教育的重要任务。支持各类职业技术院校扩大农村招生规模，鼓励农村初、高中毕业生接受正规职业技术教育。通过设立助学金、发放助学贷款等方式，帮助家庭困难学生完成学业。加强县级职业教育中心建设。有条件的普通中学可开设职业教育课程。加强农村职业教育师资、教材和实训基地建设。

十五、"农村劳动力技能就业计划"是如何产生的？如何具体实现？

为落实《国务院关于大力发展职业教育的决定》，劳动和社会保障部于2005年11月24日下发了《关于进一步做好职业培训工作的意见》。该意见规定了如下实施办法。

（1）积极开展农村劳动力转移培训，提高转移就业效果。5年内对4 000万进城务工的农村劳动者开展职业培训，使其提高职业技能后实现转移就业。

（2）要进一步增强培训的针对性、实用性和灵活性，加大培训政策和资金的支持力度，实行便于进城务工的农村劳动者参加培训和实现就业的经费补贴办法。

（3）在做好培训工作中，要充分发挥劳动保障部门职能优势，对进城登记求职的农村劳动者提供免费的职业指导、职业介绍和政策咨询等服务，实现农民工技能培训、就业服务和维护权益"三位一体"统筹安排、联合运作，不断提高转移就业的质量和效果。

十六、针对为农村劳动力转移进行服务，职业教育应怎样进行？

《国务院关于大力发展职业教育的决定》规定，实施国家农村劳动力转移培训工程，促进农村劳动力合理有序转移和农民脱贫致富，提高进城农民工的职业技能，帮助他们在城镇稳定就业。

职业教育要为建设社会主义新农村服务。继续强化农村"三教"统筹，促进"农科教"结合，实施农村实用人才培训工程，充分发挥农村各类职业学校、成人文化技术学校以及各种农业技术推广培训机构的作用，大范围培养农村实用型人才和技能型人才，普及农业先进实用技术，大力提高农民思想道德和科学文化素质。

十七、何为就业前培训？

就业前培训是指为帮助初次求职人员、失业人员提高就业和再就业能力而进行的必要的职业知识、职业技能的培养和训练活动，主要由各级各类职业学校和就业训练中心等职业培训机构实施。

十八、农民工培训的主要任务是什么？

（1）开展引导性培训。引导性培训主要是开展基本权益保护、法律知识、城市生活常识、寻找就业岗位等方面知识的培训，目的在于提高农民工遵守法律法规和依法维护自身权益的意识，树立新的就业观念。引导性培训主要由各级政府，尤其是劳动力输出地政府统筹组织各类教育培训资源和社会力量来开展。引导性培训要通过集中办班、咨询服务、印发资料以及利用广播、电视、互联网等手段多形式、多途径灵活开展。

（2）开展职业技能培训。职业技能培训是提高农民工岗位工作能力的重要途径，是增强农民工就业竞争力的重要手段。根据国家职业标准和不同行业、不同工种、不同岗位对从业人员基本技能和技术操作规程的要求，安排培训内容，设置培训课程。

（3）加大创业培训的力度。对具备相应条件并有创业意向的农民工开展创业培训，提供创业指导。

（4）扩大农村劳动力转移培训规模，提高培训质量。

十九、农民工培训的主要原则是什么？

1. 政府扶持，齐抓共管

各级政府要积极引导和扶持农民工培训事业，加强管理，加大投入。各有关部门协调合作，立足自身职责，发挥各自优势，共同做好政策指导、督促检查以及各项服务工作。

2. 统筹规划，分步实施

农民工培训工作要统筹计划，突出重点，分步开展。把农民工培训作为就业准入制度的重要内容，深入调查研究，认真组织实施。摸清农村富余劳动力和已转移就业农民工的基本情况，制订具体的有针对性的培训计划。要突出重点，逐步对农民工进行培训，当前主要是支持农村富余劳动力较多的地区和贫困地区开展培训，重点支持农民工输出地区开展转移就业前培训。

3. 整合资源，创新机制

以现有教育培训机构为主渠道，发挥多种教育培训资源的作用。充分调动行业和用人单位的积极性，多渠道、多层次、多形式地开展农民工培训。要加强政府引导，制定和完善政策措施，优化配置培训资源，建立新的培训机制。

4. 按需施教，注重实效

要研究农村劳动力资源现状，做好劳动力市场需求预测，按照不同区域、不同行业要求，区分不同培训对象，采取不同的培训内容和形式。以市场需求为导向，以提高就业能力和就业率为目标，坚持短期培训与学历教育相结合，培训与技能鉴定相结合，培训与就业相结合，增强培训的针对性和实效性。

二十、农民工培训的主要措施有哪些？

1. 加强组织领导

建立农民工培训工作部际联席会议制度，研究解决农民工培训工作中的重大问题，编制培训计划，落实扶持政策，统筹规划、综合协调农民工培训工作。各级政府要将农民工培训列入年度工作考核内容，实行目标管理。要结合本地实际制定实施计划，确定各阶段的目标、任务和工作进度，明确各有关部门的工作职责，细化政策措施。要建立统筹协调的领导体制和分工负责、相互协作的工作推进机制，通过制定政策和制度创新，充分调动一切可以利用的资源，广泛开展农民工培训工作。农业、劳动保障、教育、科技、建设、财政等相关部门在职责范围内，切实做好农民工培训工作。

2. 加大农民工培训的资金投入

农民工培训经费实行政府、用人单位和农民工个人共同分担的投入机制。中央和地方各级财政在财政支出中安排专项经费扶持农民工培训工作。用于补贴农民工培训的经费要专款专用，提高使用效益。

3. 制定农民工培训激励政策

用人单位负有培训本单位所用农民工的责任。用人单位开展农民工培训所需经费从职工培训经费中列支，职工培训经费按职工工资总额1.5%比例提取，计入成本在税前列支。对参加培训的农民工实行补贴或奖励。农民工自愿参加职业技能鉴定，鉴定合格者颁发国家统一的职业资格证书。任何单位不得强制农民工参加收费鉴定，鉴定机构要视情况适当降低鉴定收费标准。

4. 推行劳动预备制度，实行就业准入制度

组织农村未能继续升学并准备进入非农产业就业或进城务工的初高中毕业生参加必要的转移就业培训，使其掌握一定的职业技能并取得相应的培训证书或职业资格证书。

用人单位招收农民工，属于国家规定实行就业准入控制的职业（工种），应从取得相应职业资格证书的人员中录用。对用人单位因特殊需要招用技术性较强，但尚未参加培训的特殊职业（工种）的人员，可在报经劳动保障部门批准之后，先招收后培训，取得相应职业资格后再上岗。

5. 整合教育培训资源，提高培训效率

在充分发挥现有教育培训资源作用的基础上，改造和完善一批教育培训机构，加强基地建设，完善教学培训条件，建设一批能起示范和带动作用的农村劳动力转移培训基地。引导和鼓励各类教育培训机构在自愿的基础上进行联合，增加培训项目，扩大培训规模，提高培训的质量和效益。引导和鼓励教育培训机构与劳务输出（派遣）机构在自愿的基础上建立合作伙伴关系，通过签订培训订单或输出协议，约定双方责任和权益，实现培训与输出（派遣）的良性互动。发展和改革农村教育，使农村职业学校、成人学校成为农村劳动力转移培训的重要阵地。充实农村

普通中学职业培训和就业训练的课程安排。

6. 加强农民工培训服务工作

加强农民工培训师资队伍建设。加强农民工培训的教材开发。做好农民工培训的信息服务工作。定期调查并公布劳动力市场供求状况，定期对不同职业（工种）、不同等级的农民工职业供求和工资价位进行调查，调查分析结果及时向社会公布。建立农民工培训效果评价制度。做好跟踪服务和就业指导工作。各类教育培训机构和中介组织要主动参与农村劳动力就业市场体系建设并发挥积极作用，为学员就业创造条件并提供信息服务。建立农民工培训人才资源库，为农村劳动力就业市场体系建设奠定基础。

二十一、怎样加强对农民进城就业的培训工作？

地方各级政府要采取积极措施，引导和鼓励农民工自主参加职业教育和培训，鼓励用人单位、各类教育培训机构和社会力量开展农民工职业技能培训。要充分发挥各级劳动保障、农业、教育、科技、建设等职能部门和农村基层组织的优势，充分动员和利用社会各方面的职业教育培训资源，积极引导、鼓励和组织准备进城务工的农民参加职业技能和安全生产知识培训。继续实施好《2003～2010年全国农民工培训规划》，鼓励农民工自愿参加职业技能鉴定，对鉴定合格者颁发国家统一的职业资格证书。职业技能鉴定要尊重农民意愿，任何单位不得强制农民工参加收费鉴定。农民工培训经费由政府、用人单位和农民工个人共同负担。各级财政要在财政支出中安排专项经费扶持农民工职业技能培训工作。用于补助农民工培训的经费要专款专用，要让农民工直接受益。

二十二、什么是职业资格证书制度?

职业资格证书制度是劳动就业制度的一项重要内容,也是一种特殊形式的国家考试制度。它是指按照国家制定的职业技能标准或任职资格条件,通过政府认定的考核鉴定机构,对劳动者的技能水平或职业资格进行客观公正、科学规范的评价和鉴定,对合格者授予相应的国家职业资格证书。

二十三、职业资格证书有什么作用?

职业资格证书是表明劳动者具有从事某一职业所必备的学识和技能的证明。它是劳动者求职、任职、开业的资格凭证,是用人单位招聘、录用劳动者的主要依据,也是境外就业、对外劳务合作人员办理技能水平公证的有效证件。

二十四、职业资格证书是如何办理的?

根据国家有关规定,办理职业资格证书的程序为:职业技能鉴定所(站)将考核合格人员名单报经当地职业技能鉴定指导中心审核,再报经同级劳动保障行政部门或行业部门劳动保障工作机构批准后,由职业技能鉴定指导中心按照国家规定的证书编码方案和填写格式要求统一办理证书,加盖职业技能鉴定机构专用印章,经同级劳动保障行政部门或行业部门劳动保障工作机构验印后,由职业技能鉴定所(站)送交本人。

二十五、什么是就业准入?

就业准入是指根据《中华人民共和国劳动法》和《中华人

民共和国职业教育法》的有关规定，对从事技术复杂、通用性广、涉及国家财产、人民生命安全和消费者利益的职业（工种）的劳动者，必须经过培训，并取得职业资格证书后，方可就业上岗。实行就业准入的职业范围由劳动和社会保障部确定并向社会发布。

参考文献

[1] 黄健雄. 农村外出务工人员政策法律解答. 北京：法律出版社，2009.

[2] 杨易. 农民工维权法律读本. 北京：北京工业大学出版社，2008.

[3] 杨胜林，罗真义. 农民工权益保护使用读本. 甘肃：甘肃文化出版社，2009.

[4] 周贤日. 劳动维权常备手册. 北京：法律出版社，2008.